全国青少年 软件编程等级考试 **图形化编程一至四级指定用书**

爱上编程
Programming

● Scratch 3.0 基本用法 ● Scratch 编程技巧 ● 30 个趣味案例边玩边学 ● 用编程思维解决数学难题

基于
Scratch 3.0
中文版

Scratch（第2版）
编程入门与算法进阶

■ 中国电子学会 著

人民邮电出版社
北京

图书在版编目（ＣＩＰ）数据

Scratch编程入门与算法进阶 / 中国电子学会著. --
2版. -- 北京：人民邮电出版社，2020.5
（爱上编程）
ISBN 978-7-115-53170-4

Ⅰ. ①S… Ⅱ. ①中… Ⅲ. ①程序设计 Ⅳ.
①TP311.1

中国版本图书馆CIP数据核字(2019)第297735号

内容提要

  Scratch 是国际流行的图形化编程软件，使用者哪怕没有编程基础、不会编程语言，只要有清晰的
思路，就可以通过拖曳各个功能模块的方式，设计出智能互动项目，轻松地把创意变成现实。

  本书是全国青少年软件编程等级考试图形化编程一级到四级的指定用书，基于 Scratch 3.0 中文版，
在多个有趣小游戏的制作过程中对应每级考试要求讲解知识点，从图形化编程积木的应用方法，一直
讲到程序的结构、算法的设计，内容丰富有趣，寓教于乐，让你逐步学会智能互动知识。对于青少年
学习者，本书能够激发他们对编程的兴趣，指导他们了解并掌握 Scratch 编程技巧，培养他们的编程思
维。

◆ 著　　　　中国电子学会

  责任编辑　韩　蕊

  责任印制　彭志环

◆ 人民邮电出版社出版发行　　北京市丰台区成寿寺路 11 号

  邮编 100164　电子邮件 315@ptpress.com.cn

  网址 https://www.ptpress.com.cn

  涿州市般润文化传播有限公司印刷

◆ 开本：787×1092　1/16

  印张：10.75　　　　　　　2020 年 5 月第 2 版

  字数：246 千字　　　　　2025 年 3 月河北第 33 次印刷

定价：79.00 元

读者服务热线：(010)53913866　印装质量热线：(010)81055316
反盗版热线：(010)81055315

编委会

编委会成员单位

中国电子学会普及工作委员会

中国电子学会科普培训与应用推广中心

全国青少年电子信息科普创新联盟

编委会人员名单

主编：程晨

副主编：丁慧清　杨晋

编委（按拼音排序）：

蔡志伟	曹盛宏	陈小桥	陈　宇	崔　炜	高　剑
贾居坚	李海龙	李梦军	李　涛	李文新	吕　强
乔凤天	史传锋	施敏强	宋顺南	王海涛	王　雪
王延平	王　洋	王宇航	王镇山	王志军	王　卓
吴艳光	向　金	肖景文	杨　鲲	曾鹏轩	张京波
张勤健	张小川	张永升	张子红	赵桐正	朱　强

前　言

　　国务院印发的《新一代人工智能发展规划》中明确指出人工智能成为国际竞争的新焦点，应实施全民智能教育项目，在中小学阶段设置人工智能相关课程，逐步推广编程教育，建设人工智能学科，重视复合型人才培养，形成我国人工智能人才高地。而在人工智能普及教育工作中，通过学习软件编程去了解和掌握算法非常重要。

　　全国青少年软件编程等级考试是中国电子学会于2018年启动的面向青少年软件编程能力水平的社会化评价项目。全国青少年软件编程等级考试的考试内容包括图形化编程（以Scratch为主）和代码编程（以C/C++和Python为主），本书重点面向前者。

　　2019年，麻省理工学院（MIT）开发的Scratch更新到了3.0版本。相比之前的Scratch 2.0，Scratch 3.0采用HTML5语言编写，主要使用WebGL、Web Workers和Web Audio JavaScript库。JavaScript是网络浏览器中被广泛支持的语言。与Scratch 2.0需要Adobe Flash支持不同，使用JavaScript的Scratch 3.0不需要任何插件。

　　Scratch以用法简单著称，使用者通过鼠标拖曳积木就能够完成程序的设计。很多人都认为它只适合于制作一些交互的动画或游戏，不过我们经过一些教学实践，发现使用Scratch也能进行算法内容的教学，这大大降低了算法内容教学的年龄门槛，让更低年龄段的学生也能够接触人工智能教育。正是基于这样的实践，才产生了这样一本介绍Scratch使用方法的图书。希望大家在接触了Scratch之后能够进一步地了解一些算法的概念。

　　本书从Scratch基础知识开始讲起，基本上适用于所有想学习Scratch的人。如果你刚接触Scratch，那么本书的内容会通过一个个实际案例让你进入Scratch的世界；如果你对Scratch已经有了一定的了解，那么后面的算法部分能够让你更深入地了解代码背后的计算理念，从而进一步进入人工智能的大门。

　　本书第一版是按照程晨老师对于编程能力的层次划分逐步递进的，同时也遵照了中国电子学会全国青少年软件编程等级考试标准Scratch一级到四级的要求，适用于中国电子学会全国青少年软件编程等级考试Scratch编程部分。不过第一版出版后，有读者反映书中内容和软件编程等级考试的内容对应关系不强，同时书中还有一些矢量运算、三角函数、加速度等内容是参加等级考试的学员还没有接触到的，学员无法完全理解其中的内容。因此，我们在结合了很多参与培训老师的意见之后，在中国电子学会培训讲师丁慧清等老师的协助下完成了本书的第二版。本书为全国青少年软件编程等级考试（Scratch一级到四级）的指定用书。第二版内容明确了全国青少年软件编程等级考试（Scratch一级到四级）中每一级的标准，在具体示例的选取上对应关系更明确，去掉了一些较难的项目，简化了一些复杂项目。希望本书的第二版能够更有针对性地帮助大家参与中国电子学会全国青少年软件编程等级考试。

由于Scratch编程主要靠拖曳指令模块，为了更适合大家阅读，第二版依然采用全彩色印刷，书中实例清晰详尽、直观明了。

最后，感谢现在正捧着这本书的你，感谢你肯花费时间和精力阅读本书，由于本书从Scratch入门介绍到了算法，所以示例之间的难易程度差别可能稍有点大，再加上时间有限，书中难免存在疏漏与不妥之处，诚恳地请你批评指正，你的意见和建议将是我们完善本书的动力。我们更希望等级考试不是目的，而是学生发展兴趣和验证能力的阶梯。愿每个孩子都通过这本书收获成长、收获能力、收获快乐。

中国电子学会

2020年4月

目 录

Scratch 编程入门与算法进阶（第 2 版）

第0章 什么是Scratch

Scratch是由麻省理工学院（MIT）开发的一款面向青少年的简易图形化编程工具，使用者通过鼠标拖曳指令模块就能完成程序的设计，目前最新的版本是3.0。

相比之前的Scratch 2.0，Scratch 3.0采用HTML5编写，主要使用WebGL、Web Workers和Web Audio JavaScript库。JavaScript是网络浏览器中被广泛支持的语言。与Scratch 2.0需要Adobe Flash支持不同，使用JavaScript的Scratch 3.0不需要任何插件。

Scratch有官方版和基于官方版开发的各种兼容版，如Mind+、LabPlus、mBlock、Kittenblock等。官方版与兼容版的用法基本一致（个别名词翻译可能不同），主要区别是兼容版通常增加了功能，如在图形化编程之外增加Python编程，在纯软件编程之外增加硬件（Arduino、micro:bit、掌控板等）编程等。

我们推荐使用Scratch离线编程工具学习编程（见图0-1、图0-2），离线编程工具无须联网即可使用。

图0-1　官方版离线编程工具Scratch Desktop的界面

图 0-2　Mind+ 的离线编程工具的界面，其界面和 Scratch 的界面基本一致

　　整个界面右上角的区域称为舞台区，舞台区就是最终的程序运行效果展示区，这里会展示程序运行时涉及的角色、背景等内容。在舞台区的最上方有几个按钮，最左边的 ▶ 是程序执行按钮，点击这个按钮就会开始执行以"当 ▶ 被点击"指令模块开头的程序块。▶ 旁边的红色八边形是停止按钮，能够停止程序的运行。而右侧的 3 个按钮是用来调整舞台区大小的，3 个按钮分别代表小舞台、大舞台以及全屏。默认情况下使用大舞台模式，小舞台模式会比默认的舞台小；如果单击全屏按钮，舞台就会全屏展示。

　　舞台区的下方是角色区，这里会展示出我们用到的所有角色，其中最右边是背景。

　　中间的区域是程序区，我们通过拖曳方式完成的程序就放在这里，程序区的右上角有一个半透明的图案，这个图案提示我们正在为哪个角色编写程序。这个区域其实还有绘图和声音编辑的功能，可根据我们进行什么操作而切换。而选择进行什么操作的方法是在左侧的模块区上方单击 3 个选项卡：代码、造型和声音。选择"代码"会列出我们将要用到的所有指令模块，而在"造型"和"声音"下，分别可以进行图像和音频的处理。

第一部分：图形化编程一级

中国电子学会全国青少年软件编程等级考试图形化编程一级的要求为：

1. 初步学会使用编程工具，理解编程工具的核心概念。

- 理解编程环境界面中功能区的分布与作用。

- 能够完成拖曳指令模块到程序区[1]的操作并进行正确的连接。

- 能够通过舞台区按钮完成运行与停止运行程序的操作。

- 会使用角色的移动、旋转指令模块。

- 能为作品添加背景音乐并设置声音的播放代码。

- 能够绘制背景并对背景进行切换。

- 能够打开计算机上已保存的项目和保存新制作的项目。

2. 按照规定的功能编写完整的顺序结构程序。

- 掌握顺序结构流程图的画法。

- 理解参数的概念，能够调整指令模块中的参数。

- 能够完成一个顺序结构的程序。

- 程序中包含播放一段音频和切换背景。

- 程序中包含切换角色的造型、角色移动和旋转。

- 按指定要求保存作品。

Scratch不需要使用者输入代码，所以使用者不需要记住命令，不过不用记住命令不代表不需要知道命令。Scratch中的命令都是以积木式的指令模块来实现的，这些指令模块分为不同的大类，有100多个功能，覆盖了实现一个完整程序的每个环节，甚至包括数组和函数。

---

1. 本书按照中国电子学会全国青少年软件编程等级考试图形化编程考试大纲编写，部分用词与软件界面显示不同，但是同义，如指令模块（积木）、程序区（代码区）。

以下为图形化编程一级要用到的指令模块。

分类	指令模块
运动	移动 10 步 旋转 ↻ 15 度 旋转 ↺ 15 度
外观	说 Hello! 2 秒 说 Hello! 将造型切换为 costume1 ▾ 下一个造型 将背景切换为 backdrop1 ▾ 下一个背景
声音	播放声音 啵 ▾ 播放声音 啵 ▾ 直到播放完毕 停止所有声音 将音效 音高 ▾ 增加 10 设定音效 音高 ▾ 为 100 清除音效
事件	当 ⚑ 被点击 当背景切换到 backdrop1 ▾
控制	等待 1 秒

第 1 章　我们爱编程

　　了解了以上内容后，现在就正式开始学习编程了。第一个项目，我们来完成两个角色的对话，首先第一个角色说："我正在学习图形化编程，我非常喜欢。"然后第二个角色说："是吗？我也非常喜欢学习图形化编程。"

　　为此我们首先要选定两个角色，在角色区的右下角有一个小猫头，猫头的右上角有一个加号。单击这个按钮能够打开一个角色库，在这里大家可以找一个自己喜欢的角色。我选择的是默认的小猫和小女孩"Ballerina"。选择好角色之后，通过鼠标将角色摆放在合适的位置，如图 1-1 所示。

图 1-1　为角色选择合适的位置

　　编写程序之前要先介绍一下流程图。美国国家标准化协会 ANSI（American National Standards Institute）规定了一些常用的流程图符号，目前这些符号已被世界各国的多个领域普遍采用，如图 1-2 所示。

图1-2　流程图基本符号

一个流程图应该包括以下几部分：表示相应操作的框、带箭头的流程线、框内外必要的文字说明。

起初，流程图用流程线指出各框的执行顺序，对流程线的使用没有严格的规定，流程线在程序中可随意连接，流程图也就没有实现使程序直观形象、简单清晰的作用，同样，编写的程序也是逻辑混乱、难以理解的。

为了提高流程图及程序的逻辑性，使其更容易理解、更方便阅读，必须对流程线的使用做统一规定，不允许流程线无规律连接，流程只能按照一定顺序和条件进行。于是，在20世纪60年代，两位意大利数学家提出了3种基本结构，用这3种基本结构作为表示一个良好算法的基本单元。

这里先介绍第一种基本结构——顺序结构。如图1-3所示，虚线框内是一个顺序结构。其中A和B两个框是顺序执行的。顺序结构是最简单的一种基本结构。

图1-3　顺序结构

我们的两个角色对应的程序如图1-4、图1-5所示。

图1-4　小猫角色的程序

图1-5　小女孩角色的程序

在指令模块中白底的椭圆部分是参数部分，其中的内容是可以根据具体情况来修改的，比如上面的程序中我们要修改"说　你好！2秒"指令模块中的说话内容。当然如果需要的话，也可以修改后面的秒数。

点击舞台区的 ▶ 就能看到程序运行效果了。由程序我们知道其实两个角色不是在进行真正意义上的对话，就算小猫没有说话，小女孩在等待2秒之后依然会说话，就好像大家是按照各自的剧本在表演一样。这里给出小女孩的程序流程图，如图1-6所示。

图1-6　小女孩角色的程序流程图

本节知识点：

1. 学会从角色库中选择角色。

2. 学会使用"等待××秒"指令模块来同步多个角色的对话。

3. 学会调整指令模块中的参数。

4. 了解顺序结构。

扩展练习：

1. 可以尝试继续增加故事内容，丰富故事情节。

2. 为对话配音。

第 2 章　派对时间

第二个项目叫作"派对时间"。派对的背景一定不能是白色的了，我们需要在背景库中选择一个好看的背景，这里选择的是一个有灯光效果的背景"Spotlight"，如图 2-1 所示。

图 2-1　选择背景"Spotlight"

角色选择的是一个跳舞的人"Jamal"，整体舞台效果如图 2-2 所示。

图 2-2　舞台效果

程序实现的功能是 被点击后，让角色的造型变化3次，同时播放一段背景音乐，直到播放完毕。

"Jamal"角色的程序如图2-3所示。

接着来添加背景音乐，将模块区的选项卡选为"声音"，然后单击"选择一个声音"，如图2-4所示。

图2-3 "Jamal"角色的程序

图2-4 选择一个声音

这里我选择的是"Drum Machine"，如图2-5所示。

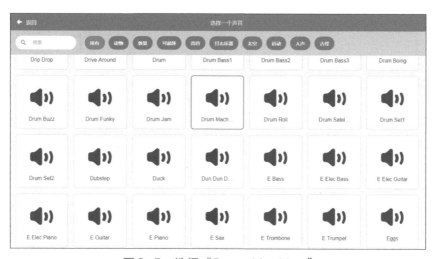

图2-5 选择"Drum Machine"

对应程序如图2-6所示，因为刚选择了"Drum Machine"，所以这里指令模块中默认的参数就是"Drum Machine"。

图 2-6　播放声音的程序

点击舞台区的 ▶ 就能看到程序的运行效果了。

本节知识点：

1. 学会从角色库中选择角色。

2. 学会从背景库中选择背景。

3. 学会用"播放声音××等待播完"指令模块来播放背景音乐。

4. 学会用"下一个造型"指令模块来切换角色造型。

5. 了解顺序结构。

扩展练习：

1. 增加参加派对的角色。

2. 切换背景音乐。

第3章　大风车

本章我们用Scratch 3.0来制作一个风车小游戏，实现的功能是 ⚑ 被点击后，舞台区的风车会转动一定时间再自动停止。为此我们首先要绘制一个背景，当我们选中背景的时候，模块区中间的选项卡就会自动切换成"背景"，进入绘制背景的界面，如图3-1所示。

图3-1　进入绘制背景的界面

这里我用线段和填充工具绘制了一个三角形表示风车的底座。接着将鼠标指针移动到角色区右下角的小猫头按钮上，在弹出的菜单中选择"绘制"来创建新角色，如图3-2所示。

图3-2　绘制新角色

此时，对应的模块区中间的选项卡就变成了"造型"，我们就进入了绘制角色的界面，如图3-3所示。

图3-3　绘制风车角色

依然还是使用线段和填充工具，我在绘图区域的中间绘制了4个三角形，分别填充上不同的颜色。

这样角色就绘制完成了，在舞台区将风车角色拖曳到底座的上端，如图3-4所示。

图3-4　将风车角色拖曳到底座的上端

风车的程序如图3-5所示。

图3-5　风车的程序

点击舞台区的 ⚑ 就能看到程序运行效果了。

本节知识点：

1. 学会绘制新角色。

2. 学会绘制背景。

3. 学会用"右转××度"指令模块来旋转角色。

扩展练习：

1. 背景可以再丰富一些。

2. 添加背景音乐。

第4章 电子相册

　　本章我们要制作一个电子相册，实现的功能是 🚩 被点击后，背景中的照片会一张一张地播放。为此我们可以在背景中上传多张本地照片。将鼠标指针移动到整个界面右下角的背景图片按钮上，在弹出的菜单中选择第一项"上传背景"来上传照片，如图4-1所示。

图4-1　上传照片

　　这个例子不需要角色，当多张照片上传完成后，为背景添加的程序如图4-2所示。

图4-2　电子相册的程序

你可以根据自己上传图片的多少来决定"下一个背景"指令模块执行几次，点击舞台区的 🚩 就能看到程序运行效果了。

本节知识点：

1. 学会从本地上传图片到背景中。

2. 学会用"下一个背景"指令模块来切换背景。

扩展练习：

1. 制作不同主题的电子相册。

2. 为电子相册增加背景音乐。

第 5 章　小星星

本章我们通过 Scratch 3.0 来演奏一段乐曲《小星星》，实现的功能是 ⚑ 被点击后，一个抱着吉他的小猫会语音播报"下面请欣赏《小星星》"，之后演奏乐曲《小星星》的第一小节，同时吉他的造型会变化。

通过功能描述，我们知道这里要添加一个吉他角色"Guitar"，在舞台区将吉他拖曳到合适的位置，看起来像是让小猫抱着。同时我们在背景中添加一个背景"Stars"，舞台效果如图 5-1 所示。

图 5-1　舞台效果

这里的默认背景还是选择之前的白色背景。为了实现小猫的语音播报，要录制一段语音。具体操作是选择小猫角色，将模块区的选项卡选为"声音"，然后在整个界面左下角声音按钮的弹出菜单中选择"录制"，如图 5-2 所示。

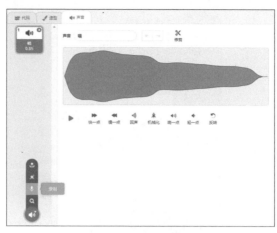

图 5-2　选择录制声音

　　在弹出录制声音的界面（见图 5-3）后，对着话筒（麦克风）说"下面请欣赏《小星星》"，将语音信息保存下来。这样所有的素材都准备好了。

图 5-3　录制声音界面

　　小猫和吉他角色的程序如图 5-4、图 5-5 所示。

图 5-4　小猫角色的程序

图5-5　吉他角色的程序

　　这里因为我录制的声音对应的名称为"recording1"，所以在"播放声音××等待播完"指令模块中要选择"recording1"。小猫播报完毕之后，要将背景切换为"Stars"。

　　吉他角色本身就包含了很多声音素材，我们可以直接利用这些声音。吉他角色的程序是背景切换成"Stars"之后才开始的。点击舞台区的 🚩 就能看到程序运行效果了。

本节知识点：

　　1. 学会为角色录制声音。

　　2. 学会用"当背景换成××"指令模块来启动程序。

　　3. 学会选择不同的声音。

扩展练习：

　　1. 可加入多个乐器一起演奏。

　　2. 目前只有一个节目，可以增加节目的数量。

　　3. 通过"等待××秒"指令模块来控制声音播放的时间。

第6章 螃蟹散步

本章我们来制作一个螃蟹散步的项目，实现的功能是 ⚑ 被点击后，舞台上的小螃蟹会向右移动一段距离，然后向左移动一段距离，同时小螃蟹的造型会变化。

先来准备素材，我选择一个小螃蟹角色"Crab"，将其放在舞台的左下角，同时选择一个海滩的背景，效果如图6-1所示。

这里只有"Crab"角色有程序，程序如图6-2所示。

图6-1 选择角色和背景

图6-2 "Crab"角色的程序

这里"Crab"角色每次移动的步数是20，如果往右走，"移动××步"指令模块中的参数就是20；如果往左走，指令模块中的参数就是-20。而每次移动的时间间隔是0.2秒，如果没有"等待××秒"指令模块，那么程序运行的时候是看不到角色的移动效果的。

本节知识点：

1. 学会用"下一个造型"指令模块来改变角色的造型。

2. 学会用"移动××步"指令模块来移动角色。

扩展练习：

1. 可加入一段背景音乐。

2. 可增加更多在沙滩上散步的角色。

3. 让角色来回移动的距离更远一些。

第二部分：图形化编程二级

中国电子学会全国青少年软件编程等级考试图形化编程二级的要求为：

1. 理解编程工具的进阶相关概念，掌握编程工具中进阶模块的使用方法。

- 理解舞台区层的概念。

- 理解舞台区坐标系的概念。

- 能够使用选择结构的指令模块。

- 能够使用实现循环的指令模块。

- 能够使用画笔及设置画笔的大小、粗细。

- 能够控制角色的大小、特效和可视状态。

- 能够使用与侦测相关的指令模块。

- 能够录入声音，并对声音进行简单处理。

- 掌握数学运算、逻辑运算和关系运算的用法并实际应用。

2. 能应用编程工具中的指令模块实现进阶效果的程序。

- 掌握选择结构、循环结构的流程图画法。

- 程序中包含选择结构，处理多个条件之间的关系。

- 程序中包含循环结构。

- 程序中包含侦测场景的实现。

- 程序中能使用画笔实现效果。

- 程序中按照要求对不同角色进行不同效果的设置。

以下为图形化编程二级要用到的指令模块。

分类	指令模块
运动	移动到 x: 0 y: 0 在 1 秒内 滑动到 x: 0 y: 0 面向 90 方向 面向 鼠标指针 ▾ x 增加 10 设置 x 为 0 y 增加 10 设置 y 为 0 碰到边缘后反弹 设置旋转模式为 左右翻转 ▾
外观	将角色的大小增加 10 将角色的大小设定为 100 % 将 颜色 ▾ 特效增加 25 将 颜色 ▾ 特效设定为 0 清除所有图形特效 显示 隐藏 移到 顶层 ▾ 向 前 ▾ 移动 1 层

（续表）

分类	指令模块
控制	重复 10 次 重复执行 如果 那么 如果 那么 否则 等待直到 重复执行直到
事件	当 空格 键被按下时 当角色被点击时
侦测	碰到 鼠标指针 ? 碰到颜色 ? 颜色 碰到 ? 到 鼠标指针 的距离 按键 空格 被按下? 鼠标被按下?

（续表）

分类	指令模块
运算	
画笔	

第7章 海底世界

二级的第一个项目，我们来做一个"海底世界"小游戏，各种小鱼在海底游来游去，单击河豚，它会向右旋转8次，每次旋转45°。

首先，我们选择背景为海底"Underwater 1"；再选择一个小鱼角色"Fish"，小鱼"Fish"有多种造型，我们只需要给一个角色编程，然后复制角色并改变造型，就能生成各种样子的小鱼；最后选择一个河豚角色"Pufferfish"。

程序有3种结构，本书的一级部分介绍了顺序结构，二级将介绍另外两种结构——循环结构和条件结构。我们先来看看什么是循环，循环就是一遍又一遍重复做一件事情。如图7-1所示，点击舞台区的 🏳，小鱼向前移动一点（10步）。

图7-1 小鱼向前移动一点

如果想让小鱼一直往前游动，可以选择"控制"里的"重复执行"指令模块，把程序修改为如图7-2所示的样子，点击绿旗，小鱼就可以向前一直游了。

图7-2 重复执行"移动10步"指令模块

但是小鱼会一直游到舞台边缘然后消失，所以要在"移动10步"指令模块的下面添加"碰到边缘就反弹"指令模块，同时为了防止小鱼碰到舞台边缘变成肚皮朝上的样子，还需要在程序开始时加入"将旋转方式设为左右翻转"指令模块，程序如图7-3所示。

图7-3　让小鱼一直游动

循环结构的流程图如图7-4所示，重复执行A、B两个框内的程序。

根据循环结构的流程图，小鱼游来游去的流程图如图7-5所示。

图7-4　循环结构的流程图　　图7-5　小鱼游动的流程图

还有一种循环结构，规定了循环的次数，如"重复执行10次"指令模块。在图7-6所示的程序中，点击河豚角色后，河豚右转45°，等待0.5秒，重复执行8次，每次点击河豚角色，它正好旋转一周（360°）。

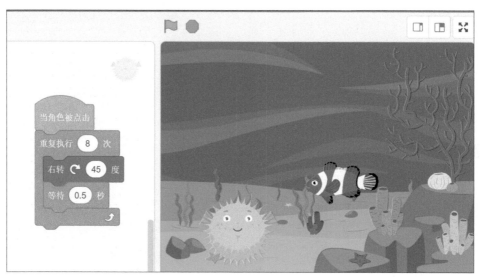

图 7-6　河豚角色的程序，重复旋转 8 次

　　复制小鱼"Fish"角色 3 次，为每条小鱼选择不同的造型，分别将 4 条小鱼的大小设定为 50，如图 7-7 所示，调整程序使 4 条小鱼移动的步数各不相同，如移动 5 步、移动 3 步等。点击 ▶ ，4 条小鱼就在海底游来游去了。

图 7-7　调整 4 条小鱼的造型和大小

本节知识点：

1. 学会画循环结构流程图。

2. 学会使用"碰到边缘就反弹"指令模块。

3. 学会设置角色大小。

扩展练习：

1. 加入水母角色，让它一边游动，一边变换颜色。

2. 点击河豚时，加入音效。

第8章　星际迷航

二级的第二个项目是"星际迷航"，火箭慢慢飞向地球，由近及远，越来越小，到达地球后消失。同时，一个宇航员小猴子在太空中一圈又一圈地转动，效果如图8-1所示。

图8-1　星际迷航

从Scratch角色库中选择3个角色：火箭"Rocketship"、地球"Earth"和小猴子"Monkey"。修改小猴子的造型，加入一个白色椭圆，代表宇航员的氧气头盔。当程序开始时，火箭的初始位置在舞台区左下角，小猴子在中部，地球在右上角。

在Scratch中，使用二维坐标系来表示位置，二维坐标系也叫平面直角坐标系或者笛卡儿坐标系，选择"Xy-grid"背景，舞台区的中心点有两条直线交叉穿过，左右方向是横坐标轴，也叫x坐标轴，x坐标的最大值为240，最小值为-240；上下方向是纵坐标轴，也叫y坐标轴，y坐标的最大值为180，最小值为-180。舞台上的任意一个点都可以用(x,y)这种形式的坐标表示出来，如图8-2所示。

图8-2　舞台区的坐标

角色造型有一个中心点，中心点的坐标就是角色造型的坐标，如图8-3所示，红色箭头指向的就是角色造型中心点，默认情况下，它隐藏在角色造型下面，只有把角色造型移开才能看到。

图8-3　角色造型中心点

移动角色造型，将中心点设置小猫身体的不同位置，如图8-4所示，将中心点设置在小猫右脚的位置。

图 8-4　修改角色造型中心点

　　拖动火箭、地球和小猴子角色到它们的初始位置，火箭角色的坐标为（-147，-113），地球角色的坐标为（182,126），小猴子角色的坐标为（-94,22），如图 8-5 所示。

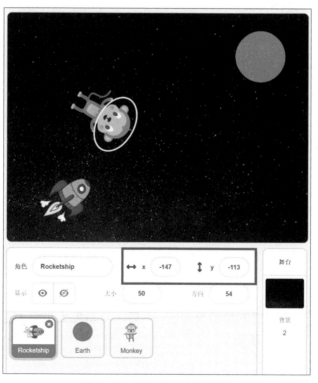

图 8-5　角色坐标自动更新

　　在"造型"选项卡下，选中火箭角色，调整火箭角色造型的方向，使火箭头朝右边，如图 8-6 所示。

图 8-6　调整火箭角色造型的方向

　　火箭角色实现的功能是点击 🏳 后，将角色大小设为 50，移到舞台右下角，面向地球方向，重复执行 100 次移动和缩小，每次移动 4 步，同时每次大小缩小 0.5，火箭角色的程序如图 8-7 所示。

图 8-7　火箭角色的程序

　　小猴子角色的程序实现的功能是点击 🏳 后，将角色大小设为 60，重复旋转，小猴子角色的程序如图 8-8 所示。

图8-8 小猴子角色的程序

本节知识点：

1. 学会设置角色大小、增大或缩小角色。

2. 学会坐标、角色造型中心点的用法。

3. 学会在"造型"选项卡下，修改角色造型的方向。

扩展练习：

1. 增加1个星星角色，让它重复变大、变小。

2. 加入火箭飞行的音效。

第9章　超人飞行

"超人飞行"这个项目主要利用相对运动的物理原理，让小猫超人飞起来。角色方面，选择飞行的小猫角色"Cat Flying"，另外再添加两个角色——建筑物"Buildings"和白云"Cloud"。舞台背景可以是白色的，也可以用填充工具，在位图模式下设置为蓝色渐变色的。

在这个项目中，我们主要控制的是角色"Buildings"，通过移动它来实现小猫飞行的效果。为了让小猫看起来向右飞行，如图9-1所示，我们需要让建筑物从右向左移动。

图9-1　超人飞行

首先将建筑物放到舞台最右侧，因为我们希望建筑物看上去是从屏幕外移动进来的，所以这里设置的 x 坐标是340，y 坐标就是建筑物当前的坐标-27。

接着添加"在1秒内滑行到x:0 y:0"指令模块，我们把要滑行到的位置设定为最左侧，所以 x 坐标就变为-340，y 坐标保持不变（-27）。时间可以调整，时间值越大，小猫的飞行速度越慢，这里设定为1.5秒，如图9-2所示。

图9-2　小猫角色从左向右移动，就是建筑物从右向左移动

建筑物需要不断地从最右端移动到最左端，只需要在上面程序的基础上，加入"重复执行"指令模块，如图9-3所示。

图9-3　建筑物角色重复移动的程序

"外观"分类中最后的两个指令模块"移到最前面"和"前移1层"会影响角色在舞台上的遮盖顺序，决定了在重叠区域优先显示哪个角色。为了让小猫不被建筑物遮挡，需要给小猫加入"移到最前面"指令模块，程序如图9-4所示。

图9-4　小猫角色移动到最前面的程序

复制建筑物角色的程序给白云，修改白云角色的 y 坐标为138，白云的运动速度慢，将滑行时间修改为4秒，如图9-5所示。

图9-5　白云角色重复移动的程序

本节知识点：

1．学会设置舞台背景色。

2．了解舞台最左侧到最右侧的坐标范围。

3．理解图层的概念。

扩展练习：

1．加入更多造型不一样的建筑物。

2．加入背景音乐。

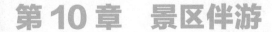

第 10 章　景区伴游

　　我们之前用到的程序结构是顺序结构和循环结构，指令模块是依次执行的，在顺序上没有变化，执行完第一个指令模块，再执行下一个，直到整个程序结束。但是在很多场景中，我们需要改变程序的执行顺序，这种结构叫作选择结构。在 Scratch 中，选择结构对应的指令模块有两个，如图 10-1 所示。

图 10-1　Scratch 中选择结构对应的指令模块

　　其中"如果…那么…"是一个做决定的指令模块。它根据条件测试后的结果决定是否执行一段代码。其对应的流程如图 10-2 所示。

图 10-2　"如果…那么…"指令模块的流程

　　使用"如果…那么…否则…"指令模块，条件为真执行"那么"后的程序 A；条件为假执行"否则"后的程序 B，不管执行完程序 A 还是程序 B，都会继续向下执行程序 C。其对应的流程如图 10-3 所示。

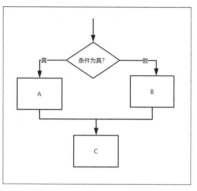

图 10-3 "如果…那么…否则…"指令模块执行的流程图

本章我们实现一个"景区伴游"的项目，如果将鼠标指针移动到景区的建筑物上，就会出现相应的提示信息。项目程序利用"如果…那么…"指令模块，项目程序流程如图 10-4 所示。

图 10-4 景区伴游项目程序流程图

本例以故宫来举例，首先需要到网上找一张故宫的平面图，故宫博物院的官方网站上就有这样的素材。

在角色区单击背景，将模块区的选项卡变为"背景"，单击右下角的图片图标，选择"上传背景"，上传故宫平面图，如图 10-5 所示。

图 10-5　上传故宫平面图为背景

接着我们要针对需要说明的建筑物制作角色，为了保证这个建筑物指向的精确性，最好制作PNG格式的有透明通道的图片。图片制作好后，将其传到程序中。只要在角色区选择"上传角色"就可以了。

这里只上传了一个午门的角色，如图 10-6 所示。

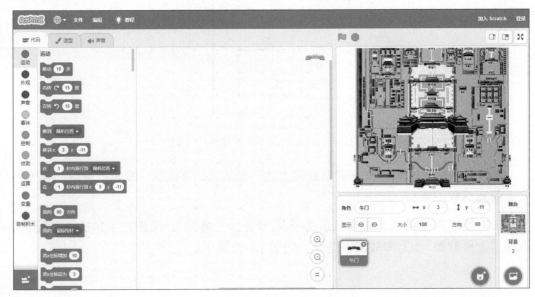

图 10-6　上传午门角色

根据背景的内容调整角色的大小和位置。在程序区放置"当▶被点击"和"重复执行"指令模块，如图 10-7 所示。

图 10-7 加入"重复执行"指令模块

我希望当鼠标指针移动到午门的时候，午门这个角色会放大，同时会弹出几句介绍的文字，持续一段时间之后，文字消失，午门也变回原来的大小。为了实现这些功能，就需要检测鼠标指针是否移动到了角色上。

拖曳"如果…那么…"指令模块到"重复执行"指令模块当中，条件是"碰到"。"碰到××"指令模块在"侦测"分类中，这里在下拉列表中要选择"鼠标指针"，如图 10-8 所示。

图 10-8 加入判断语句

碰到鼠标指针后的操作指令模块都在"外观"分类中，先要将角色大小增加20，然后说"我是紫禁城的正门"，这个指令模块就是"外观"分类中的"说你好2秒"指令模块。之后还要说一句"午门居中向阳，位当子午，故名午门"。想说几句话就添加几个指令模块。最后要将角色大小复原，程序如图10-9所示。

图10-9　介绍景点的程序

大家可以按照相同的方法完成太和门、太和殿、中和殿、保和殿等建筑的说明指引。在制作过程中，你可以体会一下带透明通道的PNG格式的图片和不带透明通道的其他格式的图片在应用上有什么不同，同时还可以试试"说"和"思考"两种指令模块的区别。另外还可以试着加上语音引导。

本节知识点：

　　1. 学会画选择结构流程图。

　　2. 学会"如果…那么…"指令模块的使用方法。

扩展练习：

　　1. 完成太和门、太和殿、中和殿、保和殿等建筑的说明指引。

　　2. 加入语音引导。

第 11 章 魔法森林

本章我们来制作一个名为"魔法森林"的简单动画：小精灵在森林里飞来飞去，在飞行过程中逐渐消失，又逐渐出现；大地上散落着几颗钻石，不断变换颜色。我们先选择两个角色——精灵"Gobo"和钻石"Crystal"，选择背景为"Woods"，如图 11-1 所示。

图 11-1 魔法森林

在 Scratch 中，我们可以给角色和背景添加各种图形特效，跟图形相关的指令模块是"将颜色特效设定为××"和"将颜色特效增加××"，单击"颜色"右边的白色小三角，我们发现 Scratch 一共支持颜色、鱼眼、漩涡、像素化等 7 种图形特效。表 11-1 展示了所有图形特效。

表 11-1 所有图形特效

特效功能	指令模块	示例
清除图形特效	清除图形特效	
颜色特效	将 颜色 ▼ 特效增加 25	

（续表）

特效功能	指令模块	示例
鱼眼特效	将 鱼眼 ▼ 特效增加 50	
漩涡特效	将 漩涡 ▼ 特效增加 200	
像素化特效	将 像素化 ▼ 特效增加 30	
马赛克特效	将 马赛克 ▼ 特效增加 20	
亮度特效	将 亮度 ▼ 特效增加 100	
虚像特效	将 虚像 ▼ 特效增加 60	

　　如果当前角色的虚像特效是40，再增加虚像特效60，这时虚像特效变为100，角色就消失了。我们可以单击 ▶ 旁边的红色八角形或者使用"清除图形特效"指令模块，让角色恢复到最初的状态。

　　先实现精灵"Gobo"角色在舞台上飞来飞去的效果，程序如图11-2所示。

图 11-2　精灵"Gobo"角色飞来飞去的程序

　　我们使用"将虚像特效增加××"指令模块改变"Gobo"的虚像特效，实现精灵慢慢消失，再慢慢出现的效果。首先每次增加虚像特效 10，等待 0.5 秒，重复执行 10 次后，"Gobo"消失了；然后再增加虚像特效 -10，等待 0.5 秒，重复执行 10 次后，"Gobo"又恢复到初始状态（虚像特效 0）；重复执行以上特效变化的程序。"Gobo"的程序如图 11-3 所示。

图 11-3　精灵角色虚像特效变化的程序

　　和精灵角色虚像特效变化类似，我们只需要修改颜色特效，就能实现钻石角色变换颜色的功能，程序如图 11-4 所示。

图 11-4　钻石角色变换颜色的程序

复制多个钻石角色，将它们平铺在地面上，"魔法森林"的项目就完成了。

本节知识点：

1. 学会消除图形特效。

2. 学会使用颜色、鱼眼等 7 种图形特效。

3. 让图形特效连续增加，再连续减少，恢复到初始状态。

扩展练习：

1. 加入一个新的精灵角色，为它添加颜色、虚像之外的特效变化。

2. 为背景添加颜色特效。

第 12 章　老鼠循线

本章我们做一个循线小游戏：从蛋糕运输车上掉落了很多蛋糕，小老鼠循着运输车走过的路线，把所有的蛋糕找到并吃掉。首先需要绘制一条黑色的轨迹，作为小老鼠要检测的路线，如图 12-1 所示。

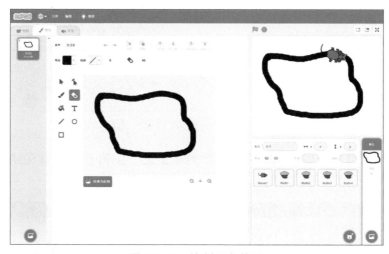

图 12-1　绘制黑色轨迹

在小老鼠角色脸上画两个不同颜色（红色和绿色）的传感器，如图 12-2 所示。

图 12-2　为小老鼠角色添加两个不同颜色的传感器

增加多个蛋糕"Muffin"角色，将大小设定为30，把它们放置到黑色轨迹上，如图12-3所示。

图12-3　在黑色轨迹上放置多个蛋糕角色

首先给小老鼠角色编程，把它放在黑色轨迹上，设置初始位置和初始方向，如图12-4所示。

图12-4　设置小老鼠角色的初始位置和方向

重复执行向前移动，如果左边红色传感器碰到黑线，向左旋转5°；如果右边绿色传感器碰到黑线，向右旋转5°。移动的步数和旋转的度数根据黑色轨迹的形状和粗细决定，需要不断地测试才能得到。小老鼠角色的传感器测试、旋转的程序如图12-5所示。

图 12-5 小老鼠角色的传感器测试、旋转的程序

所有蛋糕角色的程序都一样，程序开始后，一直检测是否碰到了小老鼠角色，如果碰到了，蛋糕角色就隐藏起来。蛋糕角色的程序如图 12-6 所示。

图 12-6 蛋糕角色碰到小老鼠角色后消失的程序

到这里，这个小老鼠循线找蛋糕的程序就完成了。

本节知识点：

1. 学会侦测某种颜色是否碰到另一种颜色。

2. 理解循线原理。

3. 学会改变参数、调试程序。

扩展练习：

1. 加入小老鼠吃掉蛋糕的声音特效。

2. 在两个传感器中间再加入一个传感器，让它始终在黑线上。

第 13 章 绘制多边形

本章我们介绍 Scratch 3.0 中的一个新功能"画笔"，这个功能是前文一直没有涉及的。首先单击模块区左下角的"添加扩展"按钮，如图 13-1 所示。

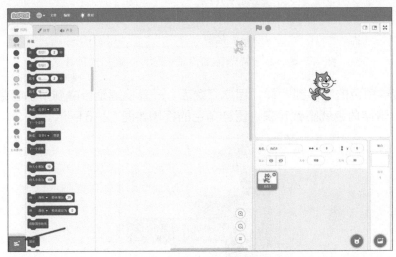

图 13-1 单击"添加扩展"按钮

单击按钮后会出现如图 13-2 所示，单击"画笔"扩展的界面。

图 13-2 单击"画笔"扩展

回到主界面中，此时我们就会看到在"代码"的下方多了一个"画笔"分类，里面有一些指令模块，如图13-3所示。

Scratch中的每一个角色都有一只看不见的画笔，这支笔有两种状态：抬起或落下。如果画笔当前的状态是落下，当角色移动时，角色运动的轨迹就能被画出来。反之，如果画笔的状态是抬起，角色移动时就不会留下任何轨迹。我们还可以设置画笔的属性，如颜色、粗细。

本章我们将绘制一些正多边形来练习"画笔"分类的指令模块的使用方法。

先来绘制正五边形，如图13-4所示。

图13-3　"画笔"相关指令模块

图13-4　正五边形

绘制正五边形就是让角色移动一段距离，然后旋转一定的角度；再移动一定距离，再旋转一定角度……重复这样的操作5次就可以了。这其中的关键就是移动多少步、每次旋转的角度是多少。为了说明这两个问题，我们修改一下图13-4所示的图形，加上如图13-5所示的辅助线。

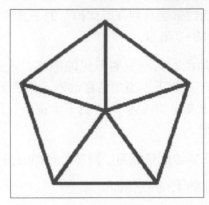

图 13-5　给正五边形加入辅助线

由图 13-5 我们能够看到，一个正五边形实际上是由 5 个等腰三角形组成的。为了方便讲解，我们再给这个图形中三角形的角加上辅助线和标记，如图 13-6 所示。

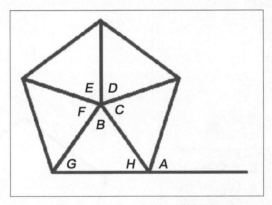

图 13-6　为正五边形做标记

我们以最下面这个三角形为例进行介绍，首先 5 个三角形对在一起的角凑在一起刚好是一圈，即角 B、C、D、E、F 加在一起是 360°，所以：

角 B=角 C=角 D=角 E=角 F=360° /5=72°

又因为每个三角形都是等腰三角形，所以角 G=角 H，而三角形 3 个内角和是 180°，即：

角 B+角 G+角 H = 180°

于是我们知道：

角 H =（180° －角 B）/2 = 54°

同理可知角 A 和角 H 之间的夹角也是 54°，所以角 A 就等于 72°，这个角度和三角形中对在一起的角的角度相同。这个角度就是角色每次要转动的角度。至于移动的距离，就要看我们希望正五边形在屏幕上占据多大的面积了。

如果我们设定移动的距离为 100 步，则绘制正五边形的步骤为：

（1）落笔；

（2）移动 100 步，左转 72°；

（3）移动 100 步，左转 72°；

（4）移动 100 步，左转 72°；

（5）移动 100 步，左转 72°；

（6）移动 100 步，左转 72°；

（7）抬笔。

图 13-7　绘制正五边形的程序流程图

从第 2 步到第 6 步，重复执行 5 次，每次移动 100 步，左转 72°，绘制正五边形的程序流程如图 13-7 所示。

根据图 13-7，开始编写绘制正五边形的程序，如图 13-8 所示。

图 13-8　绘制正五边形的程序

按照同样的计算方式，我们能够知道如果绘制正六边形，转动的角度就是60°。我们还是希望角色每次移动100步，则程序及显示的图形如图13-9所示。

图13-9 绘制正六边形的程序

本节知识点：

1. 从扩展中添加"画笔"分类。

2. 学会使用"落笔""抬笔"指令模块。

3. 学会多边形角度的计算方法。

扩展练习：

1. 设置画笔颜色。

2. 设置画笔粗细。

第14章　迷宫寻宝

本章我们制作一个"迷宫寻宝"的游戏。先绘制迷宫，用键盘控制小猫角色上、下、左、右移动，让它穿过迷宫，最终找到宝藏。

首先我们来绘制一个黑白迷宫。单击右下角图片图标，选择"绘制"一个新的背景，如图14-1所示。

图14-1　绘制新背景

将背景转换为位图（单击完"转换为位图"按钮，其名称变为"转换为矢量图"），绘制迷宫，红色方块代表宝藏，如图14-2所示。

图14-2　绘制迷宫和宝藏

将小猫的大小设定为40。程序开始时，让小猫移动到迷宫入口处，然后用键盘按键来控制小猫上、下、左、右移动。在舞台上，小猫向右移动，x坐标变大；小猫向左移动，x坐标变小；小猫向上移动，y坐标变大；小猫向下移动，y坐标变小。用键盘控制小猫移动的程序如图14-3所示，用键盘↑、↓、←、→键就可以控制小猫移动了。

图14-3　用键盘按键控制小猫角色移动的程序

　　如果小猫碰到黑色（墙壁），则回到迷宫起点位置；如果小猫碰到红色（宝藏），则说一句"找到了！"，相关程序如图14-4所示。

图14-4　颜色侦测程序

为了提高游戏的难度，我们加入一个幽灵角色"Ghost"，它在迷宫里自动地走来走去，如果小猫不小心碰到幽灵，也会回到迷宫的起点位置。

在编程之前，我们先来了解一下比较运算符和逻辑运算符。Scratch中有3个比较运算符，如表14-1所示。

表14-1　Scratch中的3个比较运算符

运算符	含义	举例
`( ) > 50`	比较前一个数值是否大于后一个数值	`( 5 > 6 )` 5大于6吗？结果为假
`( ) < 50`	比较前一个数值是否小于后一个数值	`( 3 < 4 )` 3小于4吗？结果为真
`( ) = 50`	比较2个数值是否相等	`( 2 = 2 )` 2等于2吗？结果为真

表14-1中的指令模块都是六边形的，表示这些指令模块的结果为布尔值（真或者假）。

Scratch有3个逻辑运算符，如表14-2所示。

表14-2　Scratch中的3个逻辑运算符

运算符	含义	举例
`( 与 )`	当两个条件都为真时，结果为真	`( 5 > 6 ) 与 ( 3 < 4 )` 结果为假
`( 或 )`	当两个条件有一个为真时，结果为真	`( 5 > 6 ) 或 ( 3 < 4 )` 结果为真
`( 不成立 )`	当条件为假时，结果为真	`( 2 = 2 ) 不成立` 结果为假

添加幽灵"Ghost"角色，将它的大小设定为30，让它在迷宫中走来走去，程序如图14-5所示。

图 14-5　幽灵角色的程序

如果小猫角色碰到黑色或者幽灵角色，都会回到迷宫起点，程序如图 14-6 所示。

图 14-6　小猫角色碰到黑色或者幽灵角色的程序

本节知识点：

1. 学会使用键盘进行控制。

2. 学会通过修改坐标实现角色水平、垂直移动。

3. 学会使用与颜色侦测的相关指令模块。

4. 学会逻辑运算。

扩展练习：

1. 当小猫碰到黑色、红色时，播放不同音效。

2. 绘制多个迷宫，小猫找到红色宝藏后，切换下一个迷宫。

第三部分：图形化编程三级

中国电子学会全国青少年软件编程等级考试图形化编程三级的要求为：

1. 掌握编程环境的高级功能，并理解其中的基本概念。

- 能够新建、删除变量，修改变量名。
- 能够设定、增减变量值，在舞台区显示、隐藏变量。
- 能够灵活使用画笔及设置画笔的各项参数。
- 掌握逻辑运算与关系运算的组合使用方法。
- 能够用循环简化多次反复操作的程序。
- 能够应用广播来传递数据，实现不同角色之间的交互。
- 能够理解广播和广播并等待的区别。
- 能够应用克隆来生成克隆体，并灵活控制克隆体。

2. 理解并在程序中使用随机数和变量。

- 理解随机数的概念，能够产生一个随机数。
- 理解变量的概念，理解变量的作用域。
- 能够通过变量的变化让程序跳转到不同的部分。
- 程序中包含不同条件选择语句的嵌套。
- 程序中包含循环语句的嵌套。
- 程序中包含根据选择语句的结果真假跳出循环程序。
- 掌握循环语句、选择语句嵌套的综合运用方法。

以下为图形化编程三级要用到的指令模块。

分类	指令模块
运算	在 1 到 10 间随机取一个数
变量	建立一个变量 我的变量 将 我的变量 设为 0 将 我的变量 增加 1 显示变量 我的变量 隐藏变量 我的变量
运动	移动到 随机位置 在 1 秒内 滑动到 随机位置 x坐标 y坐标 方向
外观	造型 序号 背景 序号 大小
声音	音量
画笔	图章 将笔的 颜色 增加 10 将笔的 颜色 设为 50

（续表）

分类	指令模块
侦测	问 你叫什么名字？ 并等待 回答 鼠标 x 坐标 鼠标 y 坐标 响度 计时器 重置计时器 当前 年份 自 2000 年以来的天数
事件	当 计时器 > 10 当接收到 message 广播 message 广播 message 并等待
控制	停止 全部 当作为克隆体启动时 克隆 自身 删除本克隆体

第 15 章 幸运大转盘

本章我们制作一个幸运大转盘抽奖小游戏，其中会用到随机数功能。

在"运算"分类中，Scratch 提供了一个"在 1 和 10 之间取随机数"指令模块，1 和 10 两个参数定义了随机数的取值范围，运行程序后，可能取到的随机数范围是 {1，2，3…10}；如果其中一个参数为小数，例如"在 1.0 和 10 之间取随机数"，那么程序执行后取到的是一个有小数的随机数。在幸运大转盘的程序中，转盘转动的次数是一个 1 到 300 之间的随机数。

这里我们也要先建立一个转盘角色，将鼠标指针移动到角色区右下角的小猫头按钮上，选择像笔一样的图标来"绘制"新角色，如图 15-1 所示。

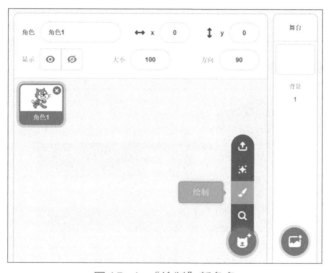

图 15-1 "绘制"新角色

在模块区选择"造型"选项卡后，在右侧的区域绘制一个圆形的转盘，这个转盘我们稍微简化一些，只分为 4 个区域，4 个区域分别用不同的颜色填充，完成后如图 15-2 所示。

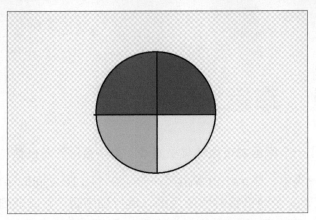

图 15-2 绘制转盘角色并填充颜色

绘制时要注意圆的中点位置。色块的颜色使用"填充"工具即可填充。

转盘角色绘制完成之后，我们再来实现随机转动的效果，我们要实现的功能是点击 🏳 后，转盘会随机地转动一个角度。在"代码"选项卡中，需要添加"事件"分类中的"当 🏳 被点击"指令模块、"控制"分类中的"重复执行 10 次"指令模块、"动作"分类中的"右转 15 度"指令模块，以及最重要的"运算"分类中的"在 1 和 10 之间取随机数"指令模块。每次转动的角度是 15°，而随机数的范围是 1~300。完成后的程序如图 15-3 所示。

图 15-3 转盘随机转动的程序

当我们点击 🏳 时，转盘就会开始绕中心旋转，然后随机地停在一个位置上。

然后我们需要判断转盘转动后的中奖情况，也就是判断转盘的角度或方向。生活中的大转盘都会有一个指针，当转盘停止旋转时，指针所指的区域就是中奖内容，所以这里我们添加一个用来指示的角色（箭头"Arrow1"，见图 15-4）。另外，为了直观地看到转盘目前的旋转角度，我们可以在"运动"分类中"方向"变量前的选择框内打钩，这样就能看到转盘每次旋转的角度了。

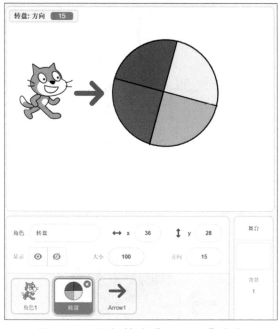

图 15-4　添加箭头"Arrow1"角色

目前程序还未更改，我们点击 ▶ ，让转盘转动几次。

最后，我们来完善程序。因为我们这个转盘比较特殊，只分了 4 个区域，所以相当于每 90°划分一个区域，我们可以以 0°为一个分界线，对两边的角度分开判断，这样就能对应到这 4 个区域。当转盘停止旋转时，根据这 4 个区域来判断，我们可以直接让转盘告诉我们中奖情况，这里有 3 种中奖情况，分别是抽中了大冰箱、大彩电、iPhone 6，还有未中奖。更改后的程序如图 15-5 所示。

这个程序中，我们应用的都是"如果…那么…否则…"指令模块，即每次判断都有两个分支。这种结构在程序中有一个专有的名词叫二叉树，这是因为这样的结构画出来之后像一棵树的样子，如图 15-6 所示。

程序完成后，我们就可以来试试了，运行效果如图 15-7 所示。其中红色对应抽中了大冰箱，黄色对应抽中了 iPhone 6，绿色对应抽中了大彩电，蓝色对应未中奖。

图 15-5　转盘中奖情况的程序

图 15-6　二叉树结构示意图

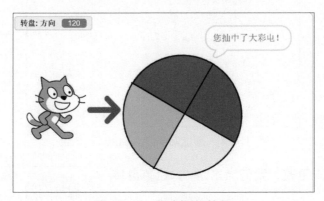

图 15-7　程序运行效果

本节知识点：

1. 学会使用随机数相关指令模块。

2. 理解条件嵌套：二叉树。

3. 学会使用"方向"变量。

扩展练习：

1. 为项目加入音效和配音。

2. 为项目加入更多抽奖方案。

第 16 章 天上掉馅饼

这个程序需要实现的功能是：舞台上方不断向下落馅饼和石头，一个碗在舞台下方跟随鼠标指针水平移动，如果接到馅饼，加10分；如果接到石头，游戏结束。

我们用到的角色有用来移动的小碗"Bowl"、天上掉下来的馅饼（这里用的图片素材是塔可"Taco"）和石头"Rocks"。注意角色的大小和位置，同时我们把背景换成了天空，如图 16-1 所示。

图 16-1 选择角色和背景

小碗角色随着鼠标指针移动，程序如图 16-2 所示。

馅饼角色的程序是本章中的重点，首先要实现的功能是让这个角色从上往下移动，到达最底部之后会重新出现在上面的随机位置。老规矩，我们先放置一个"当

▶ 被点击"和一个"重复执行"指令模块。

　　从上往下移动的实质就是让角色的 y 坐标不断减小，所以这里添加的是"将 y 坐标增加 -10"指令模块。之后要进行一个判断，如果馅饼角色碰到舞台边缘，就移动到一个位置。大家可能会觉得这和小碗角色的程序有点像。

图 16-2　小碗角色随着鼠标指针移动的程序

　　在小碗角色的程序中，"移到 x:0 y:0"指令模块中的 x 坐标是鼠标指针的 x 坐标，而馅饼角色的 x 坐标是一个随机数，这个指令模块在"运算"分类中，范围是 x 坐标的取值范围，因为这个屏幕的 x 坐标取值范围是 -240~240，我们刨去馅饼的宽度，所以这里取值范围是 -206~210，程序如图 16-3 所示。

图 16-3　馅饼角色的程序

　　下一步就需要处理馅饼碰到小碗的情况了。这里我们建立一个计分的变量，当小碗接住馅饼的时候，就将这个变量增加 10。

　　单击模块区的"变量"分类，单击"建立一个变量"，如图 16-4 所示，在弹出的对话框中输入新变量名"分数"，然后单击"确定"。

图 16-4　建立一个变量

之后就会看到如图 16-5 所示的界面。

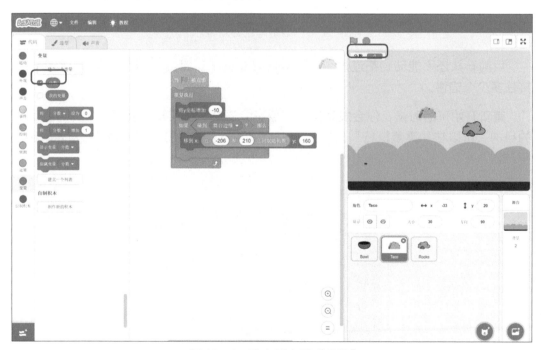

图 16-5　建立新变量"分数"

首先，舞台区的左上角增加了一个变量的显示（分数），此时变量的值是 0，另外在"变量"分类中新增了几个和变量相关的指令模块，有设置/修改变量的值、显示/隐藏变量等内容。

新建了变量之后，在馅饼角色的程序中再添加一个"如果…那么…"指令模块，此处的条件是"碰到Bowl"。

当馅饼碰到小碗的时候，要将馅饼移动到上面的随机位置，同时要将分数变量的值增加10，程序如图16-6所示。

图16-6　馅饼角色的新程序

目前石头还不能动，不过这个小游戏已经能玩了。点击 ▶ 运行试试，看看你能接住多少个馅饼。

重新开始玩的时候，你会发现变量的值不会清零。要实现重新开始玩时分数清零的目的，可以在"重复执行"之前加上一个"将分数设为0"指令模块，如图16-7所示。

图16-7　添加分数清零的指令模块

最后来完成石头角色的程序，这个角色的程序和馅饼角色的程序类似，只是在它碰到小碗的时候不是增加分数，而是提示用户"碗漏了，游戏结束！"。这个内容也要使用"停止全部脚本"指令模块，如图16-8所示。

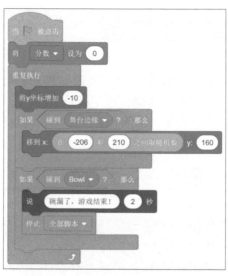

图16-8　完成石头角色的程序

这样，这个例子中的所有程序都完成了，大家可以再增加几个馅饼这样的角色，让程序更好玩一些。

本节知识点：

　1. 学会建立变量。

　2. 学会随机数的应用：将角色移动舞台指定区域内的随机位置。

扩展练习：

　1. 加入生命值变量，当生命值为0时，游戏结束。

　2. 加入更多食物造型，每次下落，食物角色切换为随机造型。

第 17 章　超级马里奥

本章我们要实现一个像《超级马里奥》中控制角色那样的操作。按下键盘上的
"←"键，角色面向左边，然后向左移动；按下键盘上的"→"键，角色面向右边，然
后向右移动；按下键盘上的空格键，角色会跳跃起来；当角色碰到物体时，会把物体
中的金币顶出来。

添加小猫角色和字母Z角色"Glow-Z"（这里我用字母Z表示《超级马里奥》
中的砖块），选择背景为"Wall1"，调整角色大小，如图17-1所示。

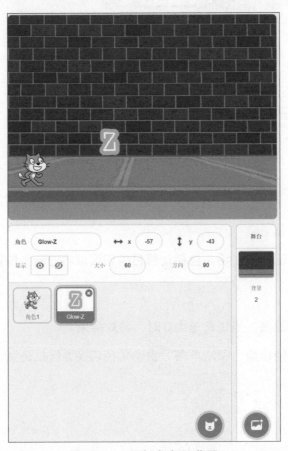

图 17-1　添加角色和背景

给小猫加入键盘控制的程序，按下键盘上的"→"键，小猫面向90方向（面向

右），移动10步；按下键盘上的"←"键，小猫面向-90方向（面向左），移动10步，程序如图17-2所示。

图 17-2　用键盘控制小猫角色的程序

我们发现当按下键盘上的"←"键时，小猫向左移动，但是头朝下，所以在"面向-90方向"指令模块前，还要将旋转方式设为左右翻转，程序如图17-3所示。

图 17-3　设定小猫角色的旋转方式

用键盘控制小猫角色走到字母Z角色下面，调整字母Z的位置，让小猫头顶离字母Z的下边缘有一些距离，如图17-4所示。

图 17-4　调整小猫和字母Z的位置

点击 ▱ ，小猫角色移动到舞台左端的初始位置（-203，-91）。接着再给小猫角色添加跳跃功能，当按下键盘上的空格键时，让小猫角色的 y 坐标增加40，程序如图17-5所示。

图 17-5 给小猫角色添加跳跃功能的程序

当小猫角色跳起来的时候，为了有重力的效果，我们要让它一点点往下落。

这个程序我们要放到"重复执行"指令模块当中，"重复执行"指令模块还是放在"当▶被点击"指令模块之后。

这里重复执行"将 y 坐标增加 -1"指令模块，不过需要一个条件，就是只有 y 坐标大于 -91 时才可以执行，程序如图 17-6 所示，而 -91 就可以认为是我们的地面坐标。

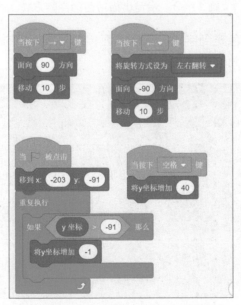

图 17-6 小猫角色一点点下落的程序

当多次按下空格键时，我们会发现小猫角色有很好的"轻功"，这种"轻功"能让它在跳起的基础上接着往上跳，之所以会发生这种情况，是因为当小猫角色还没落地时，我们又按了空格键，此时小猫角色的 y 坐标又会增加 40。

要调整这个问题，就需要在按下空格键时判断一下小猫角色是不是在地面上（y 坐标为 -91），程序如图 17-7 所示。

当小猫角色移动到字母 Z 角色下面时，我们按下空格键，会发现小猫跳到了字母 Z 的后面，如图 17-8 所示，这是我们需要优化的地方。

图 17-7　按下空格键时判断小猫角色位置的程序

图 17-8　小猫跳到字母 Z 的后面了

调整之后，当按下空格键时除了要增加 y 坐标的值，还要判断小猫角色是否碰到了字母 Z 角色，如果碰到了，就要调整小猫角色的 y 坐标，让其不能超过字母 Z 角色的下边缘的 y 坐标值，同时我们广播一个消息让其他角色能够同步地执行一些操作，程序如图 17-9 所示。

图 17-9　小猫碰到字母 Z 角色后调整位置并广播消息的程序

这里我们希望字母 Z 角色也有一个向上跳起来的效果，所以需要给它也增加一些程序。

单击字母 Z 角色，添加一个"当接收到消息 1"指令模块，然后在后面添加向上移动的效果以及回到原位的效果，这里我用的是"在 1 秒内滑动到 x:0　y:0"指令模块。为了让效果更好，这里设定的时间为 0.1 秒，程序如图 17-10 所示。

图 17-10　给字母 Z 角色添加向上移动的效果以及回到原位的效果

最后我们再添加顶出金币的效果。由于我在角色库中没有找到金币角色，所以这里添加了一个钻石角色"Crystal"代替。

程序方面，依然是当接收到消息 1 之后进行处理。

这里，在接收到消息之后，首先要将钻石移到最后面，目的是保证钻石在字母 Z 的后面。然后让钻石角色显示出来，并在 0.3 秒内滑行到 x:20 y:26，之后将角色隐藏，回到原位，程序如图 17-11 所示。

"移到最前面""显示""隐藏"指令模块都在"外观"分类当中。至于具体的位置，需要通过测试来确定。程序运行时应该是图 17-11 所示的样子。

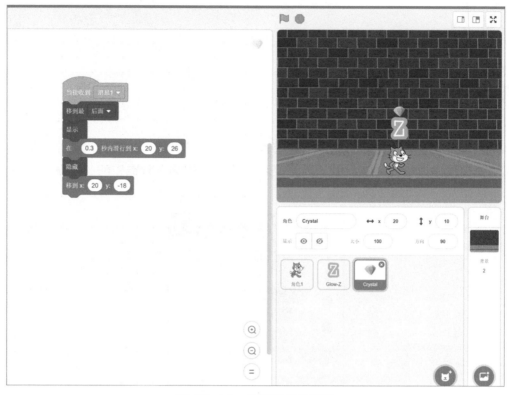

图 17-11　钻石角色的程序

本节知识点：

1. 学会使用"广播"指令模块。

2. 通过 y 坐标判断角色是否在地面，增加或减少 y 坐标，实现角色跳跃和自由落体运动。

扩展练习：

1. 加入得分变量。

2. 加入敌人角色，小猫碰到敌人就减分。

第 18 章　抓螃蟹

这个例子主要体现了Scratch能够通过声音进行交互，以及利用克隆功能，实现角色在程序运行时动态复制。声音交互用的是"侦测"分类中的"响度"指令模块，如图18-1所示。

图18-1 "响度"指令模块在"侦测"分类中

先要实现一只随音量（响度）改变大小的螃蟹，音量越大，螃蟹角色的个头越大。这个程序比较简单，这里我们只列出对应的指令模块，如图18-2所示。

图 18-2　随响度改变大小的螃蟹角色的程序

这个程序在后面还要再调整，现在先来换一个背景。抓螃蟹的地方一定是沙滩，所以我们先将背景换成沙滩，如图 18-3 所示。

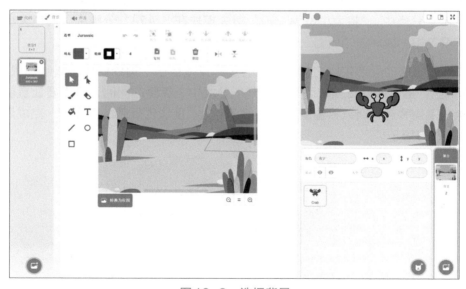

图 18-3　选择背景

具体步骤是：（1）选择角色区旁边的"舞台"；（2）在模块区选择"背景"选项卡；（3）单击右下角图片按钮，从背景库中选择一个沙滩的背景，这里我选择的是"Jurassic"。

接着我们就来完成程序。与之前不同的是，这里螃蟹是一直在移动的。这段程序完成之后如图 18-4 所示。

图 18-4　螃蟹移动的程序

在"事件"分类中找到"当 ▶ 被点击"指令模块作为这段程序的起点，接着要设定一下螃蟹角色的运动形式，因为我们希望游戏中螃蟹能够满屏跑，所以要将角色面向的方向设定为 91 或 92，然后将旋转模式设定为"左右翻转"。再往下就是重复执行"将大小设为响度""移动 10 步"以及"碰到边缘就反弹"这 3 个指令模块。这段程序中，"面向 91 方向""将旋转方式设为左右翻转""移动 10 步"以及"碰到边缘就反弹"指令模块都在"代码"的"动作"分类中，而"重复执行"指令模块在"控制"分类中，"将大小设为 100"指令模块在"外观"分类中，角色大小的参数"响度"指令模块在"侦测"分类中。

在一只螃蟹的程序完成之后，我们通过"克隆自己"指令模块再复制几只螃蟹。"克隆自己"指令模块在模块区的"控制"分类中，克隆的同时，我们要让复制出来的螃蟹也满屏幕跑，所以将重复执行的那 3 个指令模块也复制给克隆体，完成后的程序如图 18-5 所示。

图 18-5　使用"克隆自己"指令模块

我克隆了 10 只螃蟹，程序中是通过重复执行 10 次"克隆自己"来完成的。这两段程序块完成之后，运行效果如图 18-6 所示。

图 18-6　程序运行效果

因为克隆出来的螃蟹会出现在螃蟹原来的位置上，所以就出现了图 18-6 所示的像排队一样的效果。这个游戏希望每只螃蟹能够出现在随机的位置，所以程序中要在克隆体启动时将克隆的螃蟹移动到一个随机的位置。修改之后的程序如图 18-7 所示。

图 18-7　将克隆的螃蟹移动到随机位置的程序

说明：因为螃蟹的大小和音量相关，所以当程序运行时，我们要大声地说话才能看到"沙滩"上的螃蟹。

修改后再运行程序的效果如图 18-8 所示。

图 18-8　修改程序后的运行效果

再之后，就需要完成"抓"螃蟹的操作了。这是一群胆小的螃蟹，你必须大声说话把它们"吓"出来才能抓。这里先用鼠标完成这个交互环节，即当用鼠标单击一个螃蟹时，这个螃蟹就从屏幕上消失了。螃蟹角色上的程序修改之后如图 18-9 所示。

图 18-9　修改后的螃蟹角色程序

这里先来看"重复执行"指令模块中的程序，在"碰到边缘就反弹"指令模块之后，我们加了两个嵌套在一起的选择结构，第一个选择的条件是如果"按下鼠标"；第二个选择的条件是如果"碰到鼠标指针"，即当按下鼠标时检测是否单击在了角色上，如果是，就让角色"隐藏"。最后因为可能会执行这个"隐藏"指令模块，所以我们在程序的最开始要加上一个"显示"指令模块，以保证开始运行程序时，角色是出现的。

游戏的雏形我们已经能够看到了，再进行细化就需要了解一下规则了。这个游戏的规则是只有在一堆螃蟹当中选中角色才算成功，选中克隆体不算；刚开始时你有 5 次机会，每选中一个克隆体就减少一次机会（当然被选中的克隆体也会消失），玩家需要在 5 次机会之内选中角色。

基于以上的规则，我们要建立一个变量，变量名为"机会"，如图 18-10 所示。

图 18-10　建立"机会"变量

在"代码"的"变量"分类中单击"建立一个变量"按钮，在弹出的对话框中输入变量名"机会"，就会出现图 18-10 所示的界面。

下面这一步就是要完善两个程序（角色的程序和克隆体的程序），这里先把完善后的内容贴出来（见图 18-11），然后再对照图片解释一下。

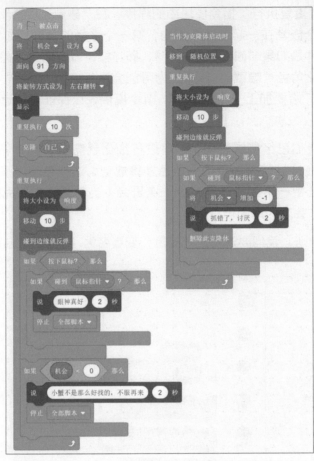

图 18-11　角色的程序（左）和克隆体的程序（右）

具体修改或添加的内容如下。

（1）在程序开始时将"机会"变量的值设定为 5，表示有 5 次机会。

（2）将角色"隐藏"的部分修改一下，因为鼠标指针选中角色就表示抓取成功了，所以这里就直接让角色说一句"眼神真好"，然后停止运行程序。

（3）在判断鼠标是否被按下之后，增加一个对"机会"的值的判断，如果"机会"的值小于 0，说明玩家 5 次还没有抓到螃蟹，那么让螃蟹说一句"小蟹不是那么好找的，不服再来"，然后停止运行程序。判断"机会"的值是否小于 0 的指令模块在"运算"分类中。

（4）将判断鼠标指针是否选中自己的选择结构（两个嵌套在一起的选择结构）复制到克隆体程序的"重复执行"指令模块中。不同的是，如果此时鼠标指针选中的是克隆体，将"机会"的值减 1，因为指令模块的功能是"将变量增加××"，所以这里写成"将机会增加 -1"，接着说一句"抓错了，讨厌"，最后删除当前选中的克隆体。

程序完成后，就可以玩游戏了，当我们抓错对象时，效果如图18-12所示（不要忘了先大声说话让螃蟹从沙滩里"跑"出来）。

图18-12 抓到克隆体的效果

现在整个游戏的功能都完成了，不过在玩的时候总是觉得只显示鼠标指针有点突兀，应该用一个夹子之类的角色来抓螃蟹。我在角色库里翻了一遍，没找到特别合适的夹子角色，最后选了一个魔术棒角色"wand"来玩这个抓螃蟹的游戏。魔术棒的程序很简单，只要跟着鼠标指针移动就好了，具体程序如图18-13所示。

图18-13 魔术棒角色的程序

另外这里要说明一下，为了保证魔术棒的前端刚好在鼠标指针单击的位置，我们需要在造型当中调整一下这个角色。在角色的造型视图中，角色图片信息的正中间有一个小十字，它的中心就是鼠标指针尖端对应的点，调整一下角色角度和方向，最后确定魔术棒的样子如图18-14所示。

完成之后的游戏效果如图18-15所示，我们一起来抓螃蟹吧。

图 18-14　调整魔术棒的角度和方向

图 18-15　程序运行效果

本节知识点：

1. 学习使用"响度"指令模块。

2. 学会使用克隆功能。

扩展练习：

1. 让螃蟹只能在沙滩区域出现和活动。

2. 加入背景音乐或音效。

第 19 章 　星球大战

本章我们来完成一个星球大战的小游戏，这个游戏是一个经典的飞机游戏，我们控制的角色出现在屏幕下方，我们可以控制角色左右移动或上下左右移动；敌人会从屏幕上方不断出现，我们控制的角色要是碰到了敌人就会减血或是结束游戏。

下面我们就来完成这个游戏。第一步先选择一个星空背景以及一个飞船角色（这里用的是"Rocketship"），如图 19-1 所示。

图 19-1　选择背景及角色

调整飞船的大小，本章中这个飞船角色会对应键盘按键的操作来移动，当按下键盘"←"键时，飞船会向左移动；当按下键盘"→"键时，飞船会向右移动。完成的程序如图 19-2 所示。

图 19-2　用键盘控制飞船角色移动的程序

这样简单的飞船移动控制程序就算完成了，大家可以尝试着增加控制飞船上下移动的程序。这里我直接开始制作子弹角色的程序。

选择一个圆球角色"Ball"作为子弹，在屏幕中把它调整到适合的大小。

程序方面，我们希望子弹能够一直发射，所以直接用了一个"重复执行"指令模块。在"重复执行"指令模块中让子弹的 y 坐标不断增加，而碰到舞台边缘时，让子弹回到初始位置，完成后程序如图 19-3 所示。

图 19-3　子弹一直发射的程序

运行一下程序，看看子弹会不会一直运动，若没有问题，就需要调整子弹的初始位置，游戏中要让子弹每次都从飞船中飞出。修改后的程序如图 19-4 所示。

图 19-4　子弹从飞船中飞出的程序

　　这样，子弹碰到舞台边缘之后，飞船就会再发射一颗子弹，而当我们移动飞船时，发射子弹的位置也会改变。

　　接下来我们制作从上往下移动的敌人，这里我选择的是一个虫子角色"Ladybug2"，在屏幕中把它调整到合适的大小，如图 19-5 所示。

图 19-5　添加虫子角色

虫子的移动和子弹的移动相似，只不过子弹是从下往上移动，而虫子是从上往下移动。可以将子弹角色的程序复制给虫子角色，然后稍作修改，修改后的程序如图19-6所示。

图 19-6　虫子角色的程序

这里主要修改了两个地方，第一个地方是将"将y坐标增加10"改为"将y坐标增加-10"，因为虫子的移动方向和子弹的移动方向是相反的。第二个地方就是碰到舞台边缘后移到的位置不同，子弹碰到舞台边缘后会移动到飞船的位置，而虫子碰到舞台边缘后会移动到舞台上方，x坐标是随机的，因为屏幕的x坐标范围是-240 ~ 240，除去虫子角色的宽度，虫子角色的x坐标范围就是-200 ~ 200。

当虫子角色开始移动之后，就存在一个角色之间相互干涉的问题，当子弹碰到虫子时，两者都应该消除掉；而当虫子碰到飞船就应该显示"GAMEOVER"。

我们先来处理子弹碰到虫子的问题，首先，在虫子角色的程序中添加虫子碰到子弹的处理程序，此时虫子也会移动到舞台上方，这一小段程序和虫子碰到舞台边缘时一样，如图19-7所示。

图 19-7　添加虫子碰到子弹的处理程序

为了让子弹也消失，可以在虫子碰到子弹移动时广播消息1，程序如图19-8所示。

图19-8 修改虫子的程序

当子弹角色接收到消息1之后，会移动到飞船的位置，就像碰到舞台边缘一样。子弹角色的程序如图19-9所示。

图19-9 子弹角色的程序

最后就是虫子碰到飞船则结束游戏，为此我们新建一个角色。这个角色的内容是"GAMEOVER"这8个字母，编辑界面如图19-10所示。

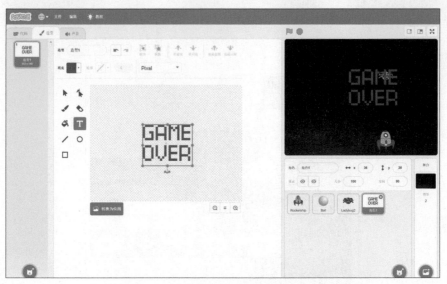

图 19-10　新建"GAMEOVER"角色

修改虫子角色的程序，当虫子碰到飞船时，广播消息"GAMEOVER"。修改后内容如图 19-11 所示。

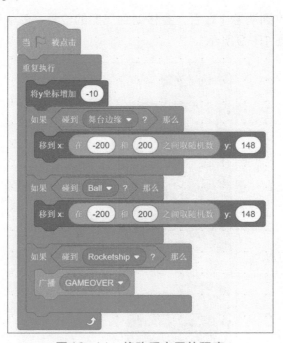

图 19-11　修改后虫子的程序

我们新建的"GAMEOVER"角色的功能是在收到"GAMEOVER"消息后，将这 8 个字母显示出来，同时停止运行所有程序。这个"GAMEOVER"角色在初始状态下应该是隐藏的，程序如图 19-12 所示。

图 19-12 "GAMEOVER" 角色的程序

这样，整个星球大战的程序就完成了，不过这里只是完成了基本的功能，大家可以根据自己的喜好再多添加几个敌人，这些敌人可以是同一个类型的，也可以是不同类型的。

另外，我们还可以增加一个变量"score"，用来保存我们消灭敌人的数量。

变量添加完成后，对变量的操作都放在虫子角色的程序中就可以了，如图19-13所示。

图 19-13 虫子角色最终的程序

当 ⚑ 被点击时，要初始化变量，将其设为0，而在虫子碰到子弹时，要将 score 增加1，表示消灭敌人的数量又增加了一个。

本节知识点：

1. 学会循环条件嵌套。

2. 学会跳出循环。

扩展练习：

1. 加入更多敌人。

2. 通过修改虫子的移动速度，调整游戏难易等级。

第 20 章　画图板

　　本章我们实现的功能是一个画图板，移动鼠标时就会有一根铅笔跟着鼠标指针移动；按住鼠标左键时，在铅笔移动的路径上就会留下相应的痕迹；在整个画图板的旁边还有一个选择块，我们可以选择红、绿、蓝3种颜色；另外还有一个"清除"按钮，按下这个按钮，整个画图板就会被全部清空。

　　我们还是先从角色入手，在角色库中选择一个铅笔角色"Pencil"，铅笔要跟着鼠标指针移动，所以程序方面要让铅笔角色一直移到鼠标指针的位置，如图20-1所示。

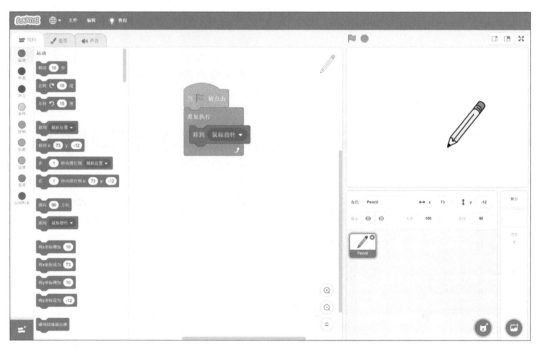

图 20-1　铅笔角色跟随鼠标指针移动的程序

　　点击 ▶ 运行一下程序，此时铅笔就会一直跟着鼠标指针移动，不过大家可能会发现，此时鼠标指针的位置是在铅笔中间，而我们希望鼠标指针的位置在笔尖，所以在"造型"选项卡中要调整一下角色造型的中心点位置，如图20-2所示。

　　将笔尖放在十字的中心上，此时再运行程序，鼠标指针的位置就在笔尖了。接着我们要让鼠标左键被按住时能够在铅笔运动的轨迹上留下痕迹，这要用到画笔中的"落笔"和"抬笔"指令模块了。按下鼠标左键时落笔，否则抬笔。

图20-2 调整铅笔角色中心点位置

完成后程序如图20-3所示。

图20-3 添加"落笔"和"抬笔"指令模块

单击"全屏模式"测试一下画笔功能，当我们按住鼠标左键移动时，就能在舞台区用铅笔画出线条了，如图20-4所示。

图20-4 程序运行效果

现在我写了一个"Scratch"的字样，不过只能一直在舞台区上画，如果画错也没办法调整，这就需要我们添加一个清除按钮。

选择一个按钮角色"Button2"，在角色上写上"clear"字样，如图20-5所示。

图20-5 添加清除按钮

清除按钮角色的程序用到了"事件"分类中的"当角色被点击"指令模块，紧接着的操作是"画笔"分类中的"全部擦除"指令模块，程序如图20-6所示。当程序运行时，单击清除按钮，整个屏幕就被清空了。

图20-6　清除按钮角色的程序

接着我们来调整画笔的颜色，添加一个按钮角色"Button3"，调整其颜色为红色，如图20-7所示。

图20-7　添加红色按钮

将按钮摆放在合适的位置，添加程序。这里要注意，每个角色都有一个画笔的属性，我们在角色内改变画笔的属性只是改变这个角色的画笔状态，比如红色按钮的程序中，我们直接修改画笔的颜色，实际上改变的是红色按钮的画笔的颜色，然后在落笔时我们使用的是铅笔角色的画笔的颜色。所以红色按钮角色的程序中，当红色按钮被单击时要广播一个消息，消息的内容是"red"，程序如图20-8所示。

图20-8　红色按钮角色的程序

对应地，在铅笔角色的程序中，接收到消息"red"之后将画笔的颜色设为红色，如图20-9所示。

图20-9 铅笔角色接收到消息"red"后改变画笔颜色的程序

按照相同的方式,我们再添加绿色按钮、蓝色按钮和黑色按钮,将所有按钮的大小修改为40,完成后效果如图20-10所示。

我们用这几种颜色画了一副超级简单的画。当我们画太阳时,可能会想到Scratch中的画笔粗细是不是也可以调整。

我们打开"画笔"分类,能看到其中有一个"将笔的粗细设为1"指令模块,这个应该能够用得上。为了在屏幕上直观看到画笔的粗细,我们创建一个变量"size"。

图20-10 添加更多的颜色按钮

在程序中通过键盘"↑"键和"↓"键调整画笔的粗细。整个画图板项目完成后，铅笔角色的程序如图20-11所示。

图20-11　铅笔角色的最终程序

本节知识点：

1. 学会广播的应用：设置画笔颜色。

2. 学会变量的应用：修改画笔粗细。

扩展练习：

1. 加入橡皮擦功能。

2. 加入画线段、矩形、圆形功能。

第21章　图章工具

这次我们要在上一章的基础上增加图章工具，图章上的图案能够直接印在我们的画图板上。

我们想添加的图章图案有五角星、雪花和心形。从角色库中选择这几个图形加入角色区，同时在屏幕上把它们摆好，如图21-1所示。

图21-1　添加相应角色

下面来完成程序，这3个角色的程序类似，所以本章中我们只完成其中一个角色的程序，剩下两个角色的程序大家可以自己尝试一下。

我选择的是五角星角色，为了实现图章的功能，选中的角色也要跟着鼠标指针一起移动，这里我们利用克隆功能。当五角星角色被单击时，就生成一个克隆体，然后让克隆体跟着鼠标指针一起移动，程序如图21-2所示。

图 21-2　克隆功能的程序

　　克隆体在移动时，如果我们按下鼠标左键，则会在屏幕上印一个对应的图案。现在选择相应的图章已经没什么问题了，那么我们如何取消选中的图章角色呢？

　　我们设定的规则是当克隆体碰到清除按钮时就会消除掉，对应的程序如图 21-3 所示。

图 21-3　克隆体被消除的程序

清除按钮的角色名为"Button2"，所以这里的条件是"如果碰到Button2"。

我们发现当选中图章角色，按下鼠标左键时，铅笔角色也会落笔，尤其是当铅笔size值比较大时，会看到在图章的中心有一个圆点。因此我们定义一个变量"画笔状态"来控制，当选中图章角色时，将"画笔状态"变量的值设为0；当图章克隆体碰到清除按钮时，将"画笔状态"变量的值设为1。修改后图章角色的程序如图21-4所示。

图21-4 修改图章角色的程序

程序开始时，铅笔角色将"画笔状态"变量初始化为1，判断按下鼠标左键并且"画笔状态"的值为1才落笔。修改后铅笔角色的程序如图21-5所示。

图 21-5　修改后铅笔角色的程序

本节知识点：

　1. 学会图章功能的制作方法。

　2. 学会变量的应用：开关功能。

扩展练习：

　1. 加入修改图章颜色的功能。

　2. 加入修改图章大小的功能。

第 22 章 打字练习

图形化编程对于编程教育来说确实很方便，上手也非常快，不过我感觉若程序比较复杂，还是代码编程比较快，尤其是涉及多维的数组、对象等概念时。

我在实际的教学中，感觉对于中小学学生来说，进行编程的最大问题其实是对键盘不熟悉。回想以前小霸王学习机上的打字游戏，我想是不是可以通过 Scratch 来设计一个打字游戏。

打字游戏的功能是每隔一定的时间，从舞台区的上方随机地下落一个字母，我们必须根据字母按下键盘上相应的按键，如果按键正确，就会从舞台区底部发射一个火箭，当火箭碰到字母时就会将字母消除。而如果字母在碰到底部之前还没有被消灭，则生命值会减 1，如果生命值为 0 则游戏结束。

这里我们不会一下将 26 个字母都做出来，而是先选择 8 个字母将游戏的功能和程序架构实现出来，剩下的字母大家可以按照相同的方式添加到自己的程序当中。

下面我们来一步一步地实现这个打字游戏。

第一步是添加角色，我们选择的字母是 Q、X、R、B、J、I、Y、P，这 8 个字母不在键盘的同一行，而且横跨了整个键盘，能够体现游戏的难度。另外再加上我们要发射的火箭"Rocketship"，总共要添加 9 个角色，如图 22-1 所示。

在 Scratch 的角色库中有很多种字母外形可以选，这里我选择一种橙色的字母。

图 22-1 选择角色

调整角色的大小并将它们摆在合适的位置，因为图 22-1 所示的字母比较少，所以看起来比较稀疏。

第二步是设定一个 1 ~ 8 的随机数定时发生器（设定 1 ~ 8 是因为我们只有 8 个字母角色）。我们将这段程序放在舞台的程序区，如图 22-2 所示。

图 22-2　随机数定时发生器的程序

这段程序比较简单，当 ▶ 被点击，开始运行程序时，会在 1 到 8 之间产生一个随机数，同时将这个随机数广播出来，之后等待 1 秒，表示我们的随机数产生时间间隔为 1 秒。同时我们找个背景替换之前的白色背景。

第三步就是要编写每个角色的程序了，每个角色对应一个随机数，当收到这个随机数的消息时，角色开始下落。

这里以字母 Q 为例，Q 对应的是随机数 1，所以当接收到消息"1"时开始运行这段程序，如图 22-3 所示。

先让角色移动到舞台区上方，然后显示出来（这是和之后的隐藏对应的）；之后加一个"重复执行"指令模块，其中不断地让角色的 y 坐标减小，即让角色往下移动；而当角色碰到舞台边缘时，就将角色隐藏起来，并停止运行当前程序，等待下次触发。

其他字母的程序类似，将这段程序复制到其他的字母角色中，复制过去的程序需要调整两个地方：一是接收到的消息，字母 Q 对应的是数字 0、字母 X 对应的是数字

1，依次类推；二是接收到消息之后移动到的初始位置，8个字母在一条水平线上的不同位置，所以y坐标一致，但x坐标是不同的，要根据字母的位置进行调整。

图22-3　字母Q角色的程序

8段程序运行完成后，如果每一个字母都落下来过，那么此时舞台区应该就只有1个字母。

第四步是添加发射火箭的程序。火箭角色的程序其实和字母角色的程序非常像，只是一个往上飞，一个往下落；一个是靠按键触发，一个是靠广播的消息触发，具体程序如图22-4所示。

图22-4　火箭角色的程序

运行程序时，我们可能会发现，如果在火箭飞行过程中按下另一个按键，火箭就会从空中消失，直接出现在另一个位置，这对于程序来说是一个bug，修复的方式是建立一个表示火箭状态的变量"state"，如图22-5所示，当火箭飞行时，其他按键是不起作用的。

图22-5　建立变量"state"

因为这个变量只有火箭角色会用到，所以可以定义变量仅适用于当前角色，加入变量的火箭角色的程序如图22-6所示。

图22-6　加入变量的火箭角色的程序

为了让大家看得更清楚，这里只列出了响应一个按键的程序，响应其他按键的程序都需要做相应的修改。

这里变量state等于1表示火箭在飞行，所以每次按下相应按键时首先要判断火箭是否在飞行，只有火箭不在飞行的状态下才会运行后续的程序。在后续的程序中，当我们将火箭显示出来后就要改变state的值，将其置为1；最后当火箭碰到舞台边缘隐藏后，再将变量state置为0。

第五步是添加火箭和字母的碰撞检测。这个功能在字母角色中添加，修改后的程序如图22-7所示。

图22-7　添加火箭和字母碰撞检测

在检测是否碰到舞台边缘的程序下方再添加检测是否碰到Rocketship的指令模块（因为火箭角色实际上是火箭飞船"Rocketship"，所以这里是"碰到Rocketship"指令模块），碰到火箭之后的操作和碰到舞台边缘后的操作一样，都是要隐藏角色并停止运行当前程序。不同的是，此时为了让火箭也消失，我们要广播"boom"消息。对应地，在火箭的程序中，当接收到"boom"消息时也要执行和碰到舞台边缘一样的操作，设火箭的state的值为0，隐藏并停止运行角色的其他程序，如图22-8所示。

图22-8　修改火箭角色的程序

其他字母的程序参考字母Q的程序，都要添加检测是否碰到火箭（Rocketship）的部分。

第六步是添加生命值。这次要创建一个适用于所有角色的变量，变量名为HP，如图22-9所示。

图22-9　创建变量"HP"

将变量"HP"的初始值设为5，表示我们有5次让字母落到地面的机会。初始值的设定是在舞台的程序区完成的，程序如图22-10所示。

图22-10 设定变量"HP"的初始值

当字母落到底时，会将变量"HP"的值减1，所以我们要修改字母角色的程序，添加当角色碰到舞台边缘时将HP增加-1的指令模块，以字母Q为例，程序如图22-11所示。

图22-11 完善字母角色的程序

然后要修改其他字母角色的程序，每个字母落地都会影响HP的值，和字母Q的程序基本相同，这里就不一一列出了。

最后添加游戏结束的提示。这里我们要新建一个角色，在角色的造型中输入"GAMEOVER"，放大到合适的大小，放在合适的位置，如图22-12所示。

图22-12　添加游戏结束的提示

新角色的程序功能就是不断地判断HP的值，当HP的值等于0时，显示"GAMEOVER"，同时停止运行所有程序，如图22-13所示。

图22-13　新角色的程序

新角色程序的启动条件是当 被点击。这个程序会在一个"重复执行"指令模块中，不断判断HP的值是不是等于0，如果HP的值等于0就将角色显示出来，即显示"GAMEOVER"，同时停止运行全部程序；如果HP的值不等于0，就将角色隐藏起来。

此时，这个只有8个字母的简易版打字练习游戏就完成了，大家可以自行将其扩展为26个字母的打字练习游戏，同时还可以添加一个记录分数的变量，用来显示我们成功地消除了多少个字母，游戏运行效果如图22-14所示。

图22-14　游戏运行效果

本节知识点：

1. 理解变量作用域（适用于所有角色、仅适用于当前角色）的概念。

2. 学会将变量加入"广播××"指令模块中。

扩展练习：

1. 将本程序扩展为26个字母的打字练习。

2. 加入计分功能。

第四部分：图形化编程四级

中国电子学会全国青少年软件编程等级考试图形化编程四级的要求为：

- 能够新建链表。

- 能够完成对链表中数据的插入、删除。

- 能够完成字符串处理。

- 能够自己创建一个有返回值的函数。

- 理解函数的作用范围。

- 理解多线程的概念。

- 循环的复杂运用。

- 逻辑、算法过渡。

图形化编程四级要用到的指令模块为与函数和列表相关的指令模块。

第23章　雪花

本章我们通过画笔工具来绘制一个雪花图形，绘制完成后效果如图23-1所示。

图23-1　绘制雪花图形

虽然这个雪花图形看起来有点复杂，不过它其实是从一个基本的三角形一步一步演变而来的，如图23-2所示。

图23-2　由三角形演变成雪花图形

下面就来介绍如何完成这个雪花图形。

首先当然是要绘制一个三角形了，注意这里是绘制一个等边三角形。等边三角形的 3 条边长度相等，且 3 个内角都相等，即 $180° ÷ 3 = 60°$。在设置好画笔颜色、起始点之后只需要用一个 3 次的循环就可以完成，程序如图 23-3 所示。

图 23-3　画三角形的程序

这里为了只显示图形，我们要将角色隐藏起来。另外，因为角色在转弯时是从外向内转，所以角度是 $180° - 60° = 120°$。至于"移动 243 步"这个指令模块中的值 243，它是 3 的 5 次方，我是为了之后好计算移动的步数，所以设定为这个值，在之后的介绍中，大家会了解这个数字的意义的，现在只需要直接将这个数字输入指令模块就好了。

绘制了三角形之后，我们来分析一下最后的雪花图形和这个三角形的差别。总体来说，雪花先是在每条边都突出一个三角形，然后形成一个六角星，如图 23-4 所示。

图 23-4　由三角形演变为六角星

因为突出的这个三角形也是等边三角形，所以突出的两条边和两侧的边是一样长的。如果原来绘制一条边的指令模块是：

移动243步；

则要在这条边上突出一个三角形的指令模块就是：

移动81步（243÷3＝81），

右转60°，

移动81步，

左转120°，

移动81步，

右转60°，

移动81步。

将上面的步骤实现在程序中就如图23-5所示。

图23-5　绘制六角星的程序

为了方便程序的讲解，我们介绍一下在Scratch中定义函数的方法。函数就是将一些固定指令模块放在一起，方便我们使用。

在模块区中选择"自制积木"，里面有一个叫作"制作新的积木"的按钮，单击后会弹出一个对话框。这个对话框中会要求我们输入新积木（即函数）的名称。这里我给它起名为"Draw"，如图23-6所示。

图23-6 制作新的积木

然后单击"完成"按钮，就会在模块区中出现一个叫作"Draw"的指令模块，同时在右侧的程序区出现一个叫作"定义Draw"的起始指令模块，如图23-7所示。

图23-7 起始指令模块"定义Draw"

"定义Draw"指令模块用于设定这个函数具体执行的功能，这里我们就让它实现绘制带有突出三角形的边的功能，程序如图23-8所示。

图23-8 使用"定义Draw"指令模块的程序

而模块区的"Draw"指令模块用于在程序中将"Draw"函数的程序代入，效果如图23-9所示。

图23-9 将"Draw"函数的程序代入

我们能够看到这里直接使用"Draw"指令模块代替了右侧的一段程序，这样看起来程序显得非常直观。

接着我们再来查看这个六角星和雪花图形的差别，大家能够发现雪花图形是在六角星的每条边上都产生了一个凸起。有了上面的经验，这里直接创建一个函数，名字就叫"Draw2"吧，"Draw2"函数的程序如图23-10所示。

图23-10 "Draw2"函数的程序

因为Draw2函数在六角星的每条边上绘制，六角星每条边的边长是81步，现在再绘制凸起的三角形，每次移动的长度就是81 ÷ 3 = 27（步）了。

完成了这个函数之后，将其代入"Draw"函数的程序中，如图23-11所示。

图23-11 将"Draw2"函数的程序代入"Draw"函数的程序中

这里将"移动81步"指令模块全部替换为"Draw2"指令模块，显示效果如图23-12所示。

此时，大家会发现我们绘制的形状离雪花的形状又近了一步，同时可能还发现再下一步就是要将移动27步再分解为移动9步，再之后是移动3步，再之后是移动1步。

图23-12　替换程序

按照这个思路，我们分别创建了"Draw3""Draw4"和"Draw5"函数，如图23-13所示。

图23-13　创建3个新函数"Draw""Draw4"和"Draw5"

然后再分别用"Draw3"指令模块代替"Draw2"函数中的"移动27步"指令模块，用"Draw4"指令模块代替"Draw3"函数中的"移动9步"指令模块，用"Draw5"指令模块代替"Draw4"函数中的"移动3步"指令模块。完成后运行效果如图23-14所示。

图23-14　程序运行效果

　　此时大家就会发现，这就是我最开始展示的那个雪花图形。是不是觉得其实也不难，很容易就画出来了？

　　本章画完这个雪花图形还不算完。我们要来分析一下这些函数。大家是不是觉得图23-14中的这几个函数都差不多，只是每次移动的步数不一样而已？那么是不是能够将这几个函数结合成一个通用的函数呢？

　　这就涉及函数的参数问题，我们先来调整一下"Draw5"函数。在"Draw5"成"定义Draw5"指令模块上单击鼠标右键，选择"编辑"，重新编辑这个函数，在对话框的下方都是与参数相关的内容。参数是一个变量，将值传递到函数中，我们以前使用的很多指令模块中都有参数。这里我们选择添加一个数字参数，单击左下方的"添加输入项 数字或文本"，如图23-15所示。

图23-15　添加数字参数

　　你会看到在函数名（指令模块名称）之后多了一个输入框，输入框中的内容是

"number or text"，这表示参数的名字可以是数字或文本，这里我们将名字修改为 number1，然后单击"完成"，如图23-16所示。

图23-16 定义参数名字

之后，"定义Draw5"指令模块以及模块区中"Draw5"的指令模块都发生了变化，甚至是"Draw4"函数中的程序也发生了变化，这里"定义Draw5 number1"后面的参数"number1"是可以直接用的，将其拖曳到"Draw5"函数中的"移动1步"指令模块中，程序如图23-17所示。

图23-17 修改"Draw5"函数中的"移动1步"指令模块

这样对于"Draw5"函数来说，它绘制的图形就是和参数"number1"有关的，在"Draw4"函数中因为本身就是移动1步，所以这里程序可以不动。

我们在主程序中用"Draw5"指令模块代替"Draw"指令模块，这里参数可以写成81，程序运行效果如图23-18所示。

图23-18 在主程序中用"Draw5"指令模块代替"Draw"指令模块的程序运行效果

此时绘制的图形又变成了六角星。

参考前面的4个函数，我们可以这样设想，"Draw5（81）"中的"移动xx步"可以换成"Draw5（27）"，而"Draw（27）"中的"移动xx步"可以换成"Draw5（9）"，依次类推。而27是81的1/3，9是27的1/3，所以我们可以将"Draw5"的函数再做一个调整，调整后的程序如图23-19所示。

图23-19 调整"Draw5"函数的程序

我们在"Draw5"函数中调用"Draw5"函数，而其中的参数是"number1/3"。

运行程序之后，我们发现舞台区没有任何显示，这是因为每次进入函数之后，函数会将参数除以3又代入函数中，这样一直运算下去。为了解决这个问题，我们要设定一个条件，只有满足条件才能往下分解，不满足条件则停止分解。

我们设定当"number-1>0"时才能往下分解，修改后的程序如图23-20所示。

用一个"如果…那么…否则…"指令模块代替之前单一的"Draw5"指令模块，此时再运行程序就又可以绘制雪花图形了，如图23-21所示。因为我们在"Draw5"函数中调用的也是"Draw5"函数，所以之前写的"Draw""Draw2""Draw3"以及"Draw4"函数就都可以删掉了。

图23-20 继续分解的程序

图23-21 程序最终运行效果

在编程时，这种自己调用自己的情况称为函数的递归。利用递归策略，只需少量的程序就可描述出解题过程中所需要的多次重复计算，大大减少了程序的数量。关于递归的内容，大家可以通过这个例子再细细地体会一下。一般来说，递归需要有边界条件、递归前进段和递归返回段。当不满足边界条件时，递归前进；当满足边界条件时，递归返回。

第24章 小小情报员

本章我们来实现一个文字加密、解密的操作。实现的功能是让角色帮助我们完成字符串的加密和解密。舞台区有两个角色，左侧的小猫负责加密，右侧的螃蟹负责解密。当我们单击小猫后，小猫会提示我们输入要转换的字符串；当输入完成之后，螃蟹就会说出转换之后的字符串。

这里加密的规则比较简单，即用字母 D 代替字母 A、用字母 E 代替字母 B……用字母 A 代替字母 X、用字母 B 代替字母 Y、用字母 C 代替字母 Z。我们规定都用大写字母，非字母符号保持不变。

为此，我们选择 2 个角色——小猫"角色 1"和螃蟹"Crab"，同时新建 2 个变量——"明文"和"密文"，如图 24-1 所示。

图24-1　选择2个角色并新建2个变量

在小猫角色的程序中,将变量"明文"的值设为正常大写字母排序,变量"密文"的值设为变换后的字母排序,同时隐藏两个变量,对应的程序如图24-2所示。

图24-2 小猫角色中关于2个变量的程序

接着我们创建一个函数,该函数的功能是查找某一个字母在字符串中的位置,如图24-3所示。

图24-3 创建新函数

新函数的定义如图24-4所示。

图24-4 新函数的定义

这里创建了两个新的变量"字符位置"和"i"。

这样加密、解密功能的准备工作就完成了，下面先来完成加密功能的程序。加密的程序在单击小猫角色的时候运行，程序如图24-5所示。

图24-5　小猫角色的加密程序

然后完成解密功能的程序。解密的程序在单击螃蟹角色的时候运行，这里我们运用"广播消息"指令模块来完成，当单击螃蟹角色的时候广播"消息"，然后依然在小猫角色的程序中处理文本，处理完之后再广播"消息处理完毕"，告诉螃蟹角色文本处理完了，由螃蟹角色说出处理后的文本。螃蟹角色和小猫角色解密的程序如图24-6、图24-7所示。

图24-6　螃蟹角色的解密程序

图24-7 小猫角色的解密程序

　　小猫角色的解密程序实际上就是将密文和明文交换一下。这样这个文字加密、解密功能的操作就算完成了。

第 25 章 贪吃蛇 1：蛇的移动

从本章开始，我们会利用 3 章的内容完成一个较为复杂的经典游戏——贪吃蛇。

贪吃蛇的游戏功能是：最开始在舞台中央会有一个只有 3 节的小蛇，这条蛇会朝一个方向一直移动，我们可以通过方向键来控制蛇的移动方向。蛇在移动过程中会碰到苹果，蛇吃了一个苹果后，身体就会加长一节。随着游戏的进行，蛇的长度会越来越长，因为在控制蛇运动时要保证蛇不能碰到自己的身体和舞台边缘，所以游戏难度也就越来越大，碰到身体或舞台边缘就结束游戏。

根据功能描述，我们将这个游戏分为 3 个环节：蛇的移动、吃苹果和失败检测、界面美化。这一章我们先来实现蛇的移动。

在游戏中，蛇的身子是一节一节的，我们用绿色小球角色"Button1"来代替，将其缩放到合适的大小，如图 25-1 所示。

图 25-1　选择"Button1"角色并调整大小

通常游戏开始的时候蛇至少有3节身子，不过因为蛇的身子是不断变化的，所以要用克隆功能来生成剩下的部分。

生成剩下的两节身子之前，我们先来说一下整个界面的分布，在游戏中蛇是一格一格移动的，所以我们也要将舞台分割成很多小格，这里我是按照20步的间隔来分割舞台的，所以整个舞台就被划分为24×18个格子（因为整个舞台的大小是480×360），对应这24×18个格子，可以用范围在–12 ～ 12的水平坐标和范围在–9 ～ 9的垂直坐标来表示。

基于这个坐标系，绿色小球的位置如图25-2所示。

图25-2　小球在舞台区的位置

在程序中，我设定了两个变量——snakeHeadX和snakeHeadY，用来保存蛇头所在的格子的水平坐标和垂直坐标。

如果要绘制一个3节的蛇，可以直接通过增加变量的值来实现。假设蛇的位置在(0,0)(1,0)(2,0)，则对应程序如图25-3所示。

图25-3　绘制一个3节蛇的程序

运行程序时就能看到舞台区出现了3个绿色小球，因为我们增加的是水平方向的变量，所以这3个绿色小球是横着排列的。

注意：如果你的3个绿色小球不是紧贴在一起，就需要调整角色的大小，或是改变每一格的尺寸。

现在我们已经知道怎么通过复制来生成一条蛇了，不过在目前的情况下，这条蛇既不能移动，也不能变长。为了让这条蛇动起来，我们需要利用 Scratch 中的列表功能。

由于要分别保存蛇身体中每一节的水平坐标和垂直坐标，我们需要建立两个列表 snakeX 和 snakeY。另外我们还需要创建一个表示方向的变量 direction 以及一个表示序号的变量 index（大家之后就能体会序号变量的作用），程序如图 25-4 所示。

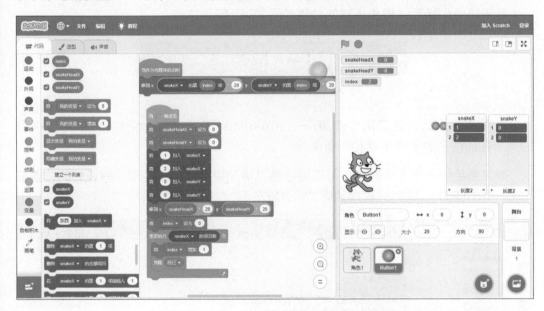

图 25-4　创建变量

变量和列表创建好之后，我们还要调整一下程序。主要有以下几个方面：首先要将蛇身的坐标添加到列表中，新添加的数据会放在列表的最后；其次是重复执行的次数，原来是 2，现在是 snakeX 的长度（也可以是 snakeY 的长度，两者的长度是一样的）；最后是当角色作为克隆体启动时，克隆体移动到的坐标是依据列表 snakeX 和 snakeY 中的数值计算的，因为要根据具体蛇身体的某一节来移动克隆的绿色小球，所以这里要使用变量 index 来指定列表中相应的数据项。变量 Index 会从 0 开始，一直遍历到列表的最后一项。

在开始往下完善程序之前，我们先来调整一下目前的程序。

在上一章中我们学习了函数的概念，因为贪吃蛇这个程序会比较大，所以我们最好将整个程序分割成几个功能块函数，程序如图 25-5 所示。

这里我们创建了 3 个函数："初始化""移动 snake"和"绘制 snake"。我们可以通过这 3 个函数先来梳理一下程序：开始的时候应该进行初始化，包括设定蛇的起始位置和方向等；然后就是在一个"重复执行"指令模块中，不断地移动 snake 和绘制 snake，以达到游戏的效果。图 25-6 中我们把设定蛇头坐标和蛇身体坐标的指令模块放在"初始化"函数里面。

在"移动 snake"函数中应该根据方向改变蛇头的坐标，并将现在蛇头的坐标存在列表的第一个位置，同时删掉列表中最后一个坐标数据。程序如图 25-6 所示。

图 25-5 创建 3 个功能块函数

图 25-6 蛇头的程序

在"移动snake"函数中，我们是根据变量direction来移动蛇头的，变化之前先将蛇头坐标插入列表的第一位。之后移动蛇头，假设direction等于0表示方向向左，则当蛇往左移动时，蛇头的垂直方向是不变的，而水平方向的格数会减小一格。

这次我们还调整了"初始化"函数以及 🚩 被点击时运行的程序。

我们在"重复执行"指令模块中添加了一个"等待0.6秒"指令模块，目的是让贪吃蛇不要移动得太快。

在"初始化"函数中，首先删除了两个列表中的所有数据，然后才将坐标位置添加到列表中，最后设定变量direction的值为0。

接着是"绘制snake"函数，这里我们直接将之前与克隆相关的程序放在函数中，如图25-7所示。此时运行这个程序，就会发现贪吃蛇开始往左移动了，不过现在这条蛇在不断地增长，但是我们会发现列表的长度并没有增加。这是什么原因呢？

图25-7 修改"绘制snake"函数

贪吃蛇变长的原因是：虽然我们在列表中删除了最后一项，但是之前由这个坐标克隆产生的绿色小球并没有消失。这里我采用一个比较简单的方法来处理这个问题，就是在克隆体产生后等待一段时间就把自己删除，程序如图25-8所示。

图25-8 删除多余的克隆体

因为在 🚩 被点击时等待的时间是0.6秒，所以这里的等待时间设定的也是0.6秒。

此时，当你运行程序时就会看到一个3节的小蛇在不断地往左移动。

你可能会下意识地按下键盘上的方向键，不过马上就会发现并没有什么用。要想用键盘来控制这条蛇，我们还要接着往下进行编程。

按照之前的功能描述，我们是通过键盘上的方向键来实现控制的，在程序中只需要改变变量direction的值就可以了。之前我们设定0表示左，现在设定1表示上、2表示右、3表示下。程序如图25-9所示。

图25-9　控制方向的程序

相应地，要修改"移动snake"函数中的程序，如图25-10所示。

图25-10　修改"移动snake"函数的程序

这里增加了3个对direction的值的判断，即分别处理上、下、左、右方向上的移动，上、下方向上变化的是变量snakeHeadY，左、右方向上变化的是变量snakeHeadX。

程序完成后，运行一下，此时你就能够通过按键来控制这个只有3节的贪吃蛇了，如图25-11所示。

图25-11　程序运行效果

第26章 贪吃蛇2：吃苹果和失败检测

本章我们来添加游戏中吃苹果的程序，首先在角色库中选择一个苹果角色"Apple"，并在舞台区中根据绿色小球（蛇的一节身体）的大小来调整苹果的大小，如图26-1所示。

图26-1 添加苹果角色并调整大小

苹果角色的程序和最开始绿色小球的程序相似，我们要设定两个变量appleX和appleY来保存苹果的坐标，如图26-2所示。

图26-2 创建2个新变量

将苹果的初始坐标设定为（0,4），这主要是为了避开蛇的初始位置。然后按照绘制蛇的方法来绘制苹果，即移动到对应的格子。

　　下面回到蛇角色的程序来实现贪吃蛇吃苹果的程序，即当遇到苹果时，蛇身会增长。贪吃蛇的增长实际上就是当蛇头碰到苹果时不删除蛇的最后一节，所以我们在"移动snake"函数中进行修改，程序如图26-3所示。

图26-3　修改"移动snake"函数的程序

　　程序中，我们添加了一个判断语句，条件是蛇头是否碰到了苹果，即appleX是否等于snakeHeadX，同时appleY是否等于snakeHeadY，如果这个条件不成立，就要删除列表中的最后一项；如果成立就不用删除，并广播一条消息"eating"。

　　运行程序，当蛇经过苹果时，两个列表就都会增加一项，同时你会发现蛇的身体增长了一节，运行效果如图26-4所示。

图26-4　程序运行效果

这时你会发现这个苹果并没有消失。当蛇通过苹果之后再碰到苹果时，两个列表又会增加一项，同时蛇的身体会再增长一节。

要想让苹果换一个位置出现，就需要修改苹果角色的程序，如图26-5所示。

图26-5　修改苹果角色的程序

苹果角色在接收到消息"eating"时，会产生一个随机的位置，这个位置也是按照格子出现的，理论上来说，水平方向上是-12 ~ 12，垂直方向上是-9 ~ 9。不过因为-12、12的位置以及-9、9的位置分别是屏幕的左、右和上、下边缘，不能出现苹果，所以这个随机位置的坐标范围应该是-11 ~ 11、-8 ~ 8。

除了边缘的问题外，还有一个可能存在的问题是苹果有可能会出现在蛇的身体上。为了解决这个问题，我们需要对苹果的位置与蛇身体每一节的位置进行判断，只有在没有重合的情况下才会认为苹果新的位置有效。

理论上我们应该像绘制蛇的身体一样，用一个序号来提取列表中的每一个值，不过在Scratch当中可以用一个简单的方法——判断颜色碰撞或判断角色碰撞，程序如图26-6所示。

这里我用的方法是判断颜色碰撞，只有当没有碰到绿色小球的绿色时，苹果的新位置才有效，此时将苹果移到新的位置。

图26-6　判断苹果和蛇是否碰撞的程序

这样苹果角色的程序就完成了，我们还剩下对游戏是否结束的判断需要完成，主要是判断蛇头的状态，它不能碰到舞台边缘，也不能碰到自己。

创建一个"失败检测"函数，如图26-7所示。

将"失败检测"函数放在"绘制snake"函数之后，"失败检测"函数中的内容就是两个由"如果…那么…"指令模块构成的判断，一个判断蛇头是不是碰到了自己的绿色小球，另一个判断蛇头是不是碰到了舞台边缘，这两个判断的结果有任意一个为"是"，都会停止运行所有的程序，程序如图26-8所示。

图26-7 创建"失败检测"函数

图26-8 完成程序

这样贪吃蛇所有的功能都实现了。

第 27 章　贪吃蛇 3：界面美化

这一章我们来最后完善贪吃蛇这个游戏。

上一章中当游戏失败时直接就停止了，没有一点提示，我们希望舞台区能显示"GAME-OVER"字样。

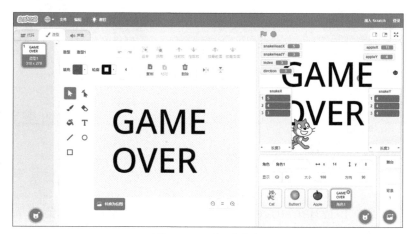

图27-1　新建角色

这需要我们新建一个角色，在造型区写上"GAMEOVER"字样，如图27-1所示。

这个角色的程序就是当收到"gameover"消息时把"GAMEOVER"显示出来，同时停止运行全部程序。另外，就是在单击 🏁 运行程序时要将自己隐藏起来，程序如图27-2所示。

图27-2　新角色的程序

而产生gameover消息的位置就在"失败检测"函数中，如图27-3所示。

图27-3　修改"失败检测"函数的程序

用"广播gameover"指令模块替换原来的"停止全部"指令模块。当贪吃蛇碰到舞台边缘或是自己身体的时候就会显示"GAMEOVER"字样。

在舞台区将所有变量和列表都隐藏起来，同时删除小猫角色，如图27-4所示。隐藏变量和列表的方式是将数据分类中的变量和列表前面的钩取消。

图27-4　隐藏变量和列表

游戏开始时的界面如图27-5所示。

图27-5　程序运行效果

此时的屏幕上就是一个白色的背景上有一个红色的苹果和一条绿色的贪吃蛇。有点空洞，我想在背景上画上格子。

在这段程序中，我们新建一个"绘制网格"函数，将其加在"初始化"函数之前，程序如图27-6所示。

图27-6　添加新函数"绘制网格"

"绘制网格"函数的程序是利用画笔的功能按照20步的间隔绘制横竖直线，对应程序如图27-7所示。

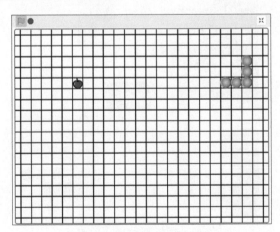

图 27-7 "绘制网格"函数的功能

程序中设定画笔的颜色为黑色，并利用了变量"index"来移动画线的位置。

整个程序运行的效果如图 27-8 所示。

图 27-8 程序运行效果

至此，我们的贪吃蛇游戏就完成了。大家如果想继续完善的话，还可以增加显示分数的功能，每吃一个苹果增加 100 分，看看最后谁的分数高。

第28章 排序问题

本章我们尝试用Scratch来给一个无序的列表排序。如果你已经完成了贪吃蛇的游戏，那么你对列表应该已经有一定了解了。现在我们先要新建一个列表"list"，如图28-1所示。

图28-1 新建列表"list"

此时，这个列表是空的，接着就需要利用随机数创建一个无序的列表，这里设定列表中数据的长度（数量）为10。对应的程序如图28-2所示。

图28-2 创建无序列表的程序

我希望这些数之间的差距大一些，所以随机数的范围选择的是1~100。这段程序是通过空格键触发的，当我们按下空格键时，就能看到列表中生成了10个无序排列的数。每个数前面都有一个对应的编号，表明数据在列表中的具体位置。这10个数生成之后，生成列表数据的这段程序就可以删掉了。

下面我们就来通过程序为"list"中的数排序。

排序前，我们需要再新建一个列表"list2"以及一个变量"var"，如图28-3所示。之所以这么麻烦，主要是因为列表不像数组那样可以直接访问其中的任何一位数据。

图28-3　新建列表及变量

排序的方式采用的是冒泡法，冒泡法的一个循环的具体操作如下。

（1）将"list"中的第一个数放入变量"var"中，同时删掉"list"中的第一个数，此时"list"中就只有9个数了，即原来的第2个到第10个。

（2）用现在"list"中的第一个数和变量"var"的值进行比较，如果这个数比"var"的值小，那就把这个数直接放到"list2"中；如果这个数比"var"的值大，那就把"var"的值放入"list2"，并把现在"list"中的第一个数放在"var"中，同时删掉"list"中的第一个数。

（3）再重复第二步操作8次。因为我们会不断地用"list"中的第一个数和"var"的值进行比较，这样"var"中保存的就始终是最大的数。8次（再加上第二步中的1次）之后，"var"中保存的就是整个10个数中最大的数，这个过程就好像冒泡一样，所以这种排序的方法称为冒泡排序。

（4）为了重复以上的操作，将"list2"整个复制到"list"。同时将"var"的值放在"list"中的最后，此时相对于之前的"list"来说就已经选出的最大的数。

（5）重复（1）到（4）步10次，这样整个列表就按照从小到大的顺序重新排序了（有可能少于10次，10次只是最坏的情况）。

下面我们来实际操作。

第（1）步对应的程序如图28-4所示。这里为了便于操作，我为每一段程序都添加了一个快捷按键，按下相应的按键就能执行对应的程序。第一步的快捷键是a。

图28-4　快速键a的程序

当按下键盘上的a键时，注意变量和列表的变化，此时列表"list"中的第一个数就给了变量"var"。

第（2）步对应的程序如图28-5所示，对应的快捷键是b。当按下键盘上的b键时，由于此时"list"中的第一个数是56，这个值比"var"中的值小，所以，要将56加到"list2"中。

图28-5　快捷键b的程序

接着就是重复操作了。由于我们设定了快捷键，只需要按下快捷键即可。

在重复8次之后，除了"var"中的数，其他9个数都已经移动到"list2"中了。运行效果如图28-6所示。

图28-6　程序运行效果

此时就到了前面说的第（4）步了，要将"list2"整个复制到"list"当中，同时将"var"的值加到"list"中，具体的程序如图28-7所示，对应的快捷键是c。

图28-7　快捷键c的程序

然后就是要重复前面的所有操作了，一个过程中快捷键a的程序执行1次，快捷键b的程序执行9次，最后快捷键c的程序执行1次。然后就能选出最大的两个数了。

下面我们将几段程序组合起来用一个快捷键控制，如图28-8所示，这里在原来快捷键b的程序外面加了一个"重复执行9次"的指令模块。

合成后的程序快捷键是a。此时按下这个快捷键，就会直接选出第三大的数。这样我们就知道，如果再重复目前的整个程序6次（最后一次不用排了），我们就能将整个列表按照从小到大的顺序排列了。

由此，我们在整个程序外面加一个9次的循环，就是一个完整的10个无序数据的排序方法了。再进一步地设定一个变量"lengthOfList"来表示列表的长度，并用这个变量代替指令模块中的数字9，这样就完成了一个通用的列表排序程序，如图28-9所示。目前这个程序的快捷键依然是a。

图28-8　组合程序　　　　　图28-9　添加变量"lengthOfList"

第 29 章　汉诺塔

了解了递归的概念之后，本章我们来完成一个经典的递归算法问题——汉诺塔。

汉诺塔（又称河内塔）问题源于印度一个古老的神话传说，如图29-1所示。大梵天创造世界时做了3根金刚石柱子，在一根柱子上从下往上按照大小顺序摆着64片黄金圆盘。大梵天命人把圆盘从下面开始按大小顺序重新摆放在另一根柱子上，并且规定，在小圆盘上不能放大圆盘，在3根柱子之间一次只能移动一个圆盘。当所有的圆盘都从一根石柱上移到另外一根石柱上时，世界就将在一声霹雳中消灭。

图29-1　汉诺塔模型

那么移动这些圆盘需要多少时间呢？这个我们之后再计算，现在先来看看如何用算法完成汉诺塔上圆盘的移动。

汉诺塔用到了五大常用算法之一的分治法。在计算机科学中，分治法是一种很重要的算法，字面上的解释是"分而治之"，就是把一个复杂的问题分成两个或更多的相同或相似的子问题，再把子问题分成更小的子问题……直到最后子问题可以简单地直接求解，原问题的解即子问题的解的合并。下面我们就在Scratch中来完成汉诺塔这个游戏。先来创建3个列表，如图29-2所示。

创建一个程序来给"list1"添加"圆盘"，这个程序是通过空格键来触发的，内容如图29-3所示。

图29-2 创建3个列表

图29-3 给"list1"添加"圆盘"的程序

这里更改"重复执行10次"指令模块中的参数就能设定汉诺塔初始的"圆盘"数。当参数为1的时候表示只有一个"圆盘"。

当只有1个"圆盘"时，移动就是将"list1"中的第1项移动到"list3"即可。而对于有2个"圆盘"的情况，则是要先将"list1"中的第1项移动到"list2"中，然后将"list1"中原来的第2项（由于此时"list1"中原来的第1项已经被移走，所以原来的第2项也是新的第1项）移动到"list3"中；最后将"list2"中的第1项移动到"list3"当中。

如果再加一个"圆盘"，3个"圆盘"的汉诺塔又如何移动呢？我们还是先初始化一个3个"圆盘"的汉诺塔，如图29-4所示。

图29-4　初始化3个列表

此时就需要用到分治法了，如果把第1个和第2个"圆盘"看成一个整体（暂时称为第一部分），那么3个"圆盘"的处理过程就是：先将"list1"中的第一部分移动到"list2"中；然后将"list1"中原来的第3项（由于此时"list1"中原来的第1部分已经被移走，所以原来的第2项也是新的第1项）移动到"list3"中；最后将"list2"中的第1部分对应的2个"圆盘"移动到"list3"中，而2个"圆盘"的移动我们之前已经实现了，整个过程可以通过表29-1来表示。

表29-1　用分治法移动3个"圆盘"的过程

将2个"圆盘"从"list1"移动到"list2"	将第1个"圆盘"从"list1"移动到"list3"
	将第2个"圆盘"从"list1"移动到"list2"
	将第1个"圆盘"从"list3"移动到"list2"
将第3个"圆盘"从"list1"移动到"list3"	
将2个"圆盘"从"list2"移动到"list3"	将第1个"圆盘"从"list2"移动到"list1"
	将第2个"圆盘"从"list2"移动到"list3"
	将第1个"圆盘"从"list1"移动到"list3"

同理，4个"圆盘"的移动情况如表29-2所示。

表29-2　用分治法移动4个"圆盘"的过程

将 前3个 "圆盘" 从 "list1" 移动到 "list2"	将2个"圆盘"从"list1"移动到"list3"（与2个"圆盘"的情况一样）	将第1个"圆盘"从"list1"移动到"list2"
		将第2个"圆盘"从"list1"移动到"list3"
		将第1个"圆盘"从"list2"移动到"list3"
	将 第3个 "圆盘" 从 "list1" 移动到 "list2"	
	将2个"圆盘"从"list3"移动到"list2"	将第1个"圆盘"从"list3"移动到"list1"
		将第2个"圆盘"从"list3"移动到"list2"
		将第1个"圆盘"从"list1"移动到"list2"
将第4个"圆盘"从"list1"移动到"list3"		
将 前3个 "圆盘" 从 "list2" 移动到 "list3"	将2个"圆盘"从"list2"移动到"list1"（与2个"圆盘"的情况一样）	将第1个"圆盘"从"list2"移动到"list3"
		将第2个"圆盘"从"list2"移动到"list1"
		将第1个"圆盘"从"list3"移动到"list1"
	将 第3个 "圆盘" 从 "list2" 移动到 "list3"	
	将2个"圆盘"从"list1"移动到"list3"（与2个"圆盘"的情况一样）	将第1个"圆盘"从"list1"移动到"list2"
		将第2个"圆盘"从"list1"移动到"list3"
		将第1个"圆盘"从"list2"移动到"list3"

　　5个、6个、7个……"圆盘"的情况都是类似的，这里就不往下列举了，下面来看看具体的程序。我们将最基本的移动"圆盘"的过程用函数来表示，创建函数如图29-5所示。

图29-5　创建新函数

　　这里定义的函数（新的积木）为"移动 圆盘数量 从 列表x 到 列表y 通过 列表z"，表示从哪个列表到哪个列表，经过哪个列表，移动多少个"圆盘"，其中圆盘数

Scratch 编程入门与算法进阶（第 2 版）

量、列表x、列表y、列表z都是参数，分别表示有多少个"圆盘"、起始位置、目的位置以及过渡位置。

由前面的描述我们能够大致写出函数的具体内容，如图29-6所示。

图29-6 新函数的具体内容

由于在列表操作的指令模块中无法放置参数，所以这里还创建了一个移动单个"圆盘"的函数，如图29-7所示。

图29-7 创建移动单个"圆盘"的函数

由程序能够看出，移动单个"圆盘"分为6种情况，1移到2、3，2移到1、3以及3移到1、2。有了移动单个"圆盘"的函数后，之前的汉诺塔函数就变为图29-8所示的内容。

图29-8　修改后的汉诺塔函数

这个函数是由之前我们总结的移动规律得到的，假设要移动n个（变量"圆盘数量"的值）"圆盘"，n>1，那么首先就要将n-1个"圆盘"移动到过渡的列表中，然后将最后一个"圆盘"移动到目的位置，最后将n-1个"圆盘"移动到目的位置。这样我们就通过分治法利用递归完成了这个汉诺塔的移动，不过通过之前的例子我们知道，递归需要一个临界条件，而这里的临界条件就是n=1。当n=1时，说明是1个"圆盘"的情况，此时直接将"圆盘"移动到对应位置即可，修改后的函数如图29-9所示。

图29-9　再次修改汉诺塔函数

可以将这个函数添加到最开始初始化几个列表的程序后面，如图29-10所示。这样当我们按下空格键时，就会直接开始移动汉诺塔中的"圆盘"了。

图 29-10　将新函数添加到初始化列表的程序后面

这里要注意函数中的参数。

好，现在我们可以来说说移动金刚石柱子上的64个圆盘需要多少时间了。为此我们需要计算一下总共要移动多少步，我们创建一个变量"步数"。在初始化"list1"完成之后，将"步数"重新设为0，同时在每次移动"圆盘"的时候都将"步数"增加1，对应指令模块添加位置如图29-11、图29-12所示。

图 29-11　添加变量"步数"的程序

图29-12 移动"圆盘"时计算"步数"的程序

假设有 n 个圆盘，移动次数是 $f(n)$。通过运行程序就能知道 $f(1)=1$，$f(2)=3$，$f(3)=7$，$f(4)=15$，而 $f(64)=18\ 446\ 744\ 073\ 709\ 551\ 615$。这个数我不是通过运行程序得出来的，如果每一步在Scratch中需要0.0001秒（实际比这个时间要长），那么约 1.8×10^{19} 步就需要约 1.8×10^{19} 秒，约等于 3×10^{13} 分钟，约等于 5×10^{11} 小时，大概是 2×10^{10} 天，折合成年约 5.8×10^{7} 年，即58万个世纪，我的计算机运行得都报废了估计还没移完呢。这个数是通过总结前面移动次数的规律得来的，$f(1)=1$，$f(2)=3$，$f(3)=7$，$f(4)=15$，那么得到 $f(n)=2^n-1$。则 $n=64$ 时，$f(n)=2^{64}-1$，就算真的移动一次圆盘只用0.0001秒，那完成移动金刚石柱子上的64个圆盘也需要58万个世纪。而如果是1秒移动一次的话，则需要5845.54亿年，我想那时地球早就不在了。

第 30 章　背包问题

　　解决了汉诺塔的问题之后，本章我们再来解决一个背包问题。背包问题是动态规划算法的经典问题。

　　动态规划与分治法类似，都是把大的问题拆分成小的问题，通过寻找大问题与小问题之间的关系，解决一个个小问题，最终达到解决大问题的目的。但不同的是，分治法中的子问题和子子问题在形式上是一样的，同样的计算被重复地执行了很多次；而动态规划则要记住每一步的子问题答案，然后将这些答案带到新的问题中，所以我们可以认为用动态规划解决问题的核心就在于填表，表填写完毕，最优解也就找到了。

　　好了，现在回到背包问题，我们来举例说明。假设这里有 4 本书，分别重 200g、300g、400g 和 500g。4 本书的价格分别为 30 元、40 元、60 元和 50 元。我们的背包只能装 800g 的书，那我们应该选哪几本书才能够让背包内的书的总价最高呢？

　　首先在 Scratch 中创建 4 个列表，对应 4 本书，通过列表左下角的加号为每个列表添加内容，列表中的第一项表示书的重量，第二项表示书的价格。完成后如图30-1 所示。

图30-1　创建 4 个列表，对应 4 种书

用动态规划的方法解决背包问题就是一本书一本书地放，不但是一本一本地放，而且还要把背包分成一个个小背包，因为我们的书都是以100g为单位的，背包总共能装800g的书，所以这里就把背包分为8个状态。对于只有第一本书的情况，我们要把这8种状态下的最优解都找到。同样创建一个列表用来保存对应的数据，如图30-2所示。

图30-2　创建1个列表存放只有第一本书的情况

在只有第一本书的情况下，我们只需要考虑它是不是能够装到对应的小背包里，所以寻找最优解对应的程序如图30-3所示。

图30-3　只有第一本书的对应程序

这里新建了一个变量 "i" 来保存循环的次数，每次都会比较小背包与第一本书的重量，如果小背包装不下第一本书，则将0加入列表；如果小背包能装下第一本书，则将第一本书的价格加入列表。程序按下空格键的时候运行，此时我们能看到只有第一项的数字为0，这是因为这个状态下背包只能装100g的书，所以第一本书放不进去，因此价格为0。

接着来看两本书的情况，同样要新建一个列表。对于这个列表中的数据填写规则描述如下。

（1）判断第二本书是不是能够单独放在小背包里，如果不能就将前一个列表中的对应数据放到这个列表中。

（2）如果第二本书能够单独放在小背包里，那么就要看看小背包能不能放下两本书，如果不能就再比较前一个列表中的值与第二本书的价格，把大数填到第二个列表中。

（3）如果能放下两本书，那直接就把第二本书放进去就可以了。

对应的程序如图30-4所示。

图30-4 两本书对应的程序

按下键盘上的a键运行程序。我们看到第3个数变成了40，说明在小背包限重在300g的时候能放下第二本书了，而第二本比第一本书的价格高，所以这个小背包里放的是第二本书。之后的第5个数变成了70，说明此时能放下两本书了。

再接下来看看放3本书的情况，依然要新建一个列表。对于这个列表中的数据填写规则和两本书的时候很像，具体描述如下。

1）判断第三本书是不是能够单独放在小背包里，如果不能，就将前一个列表中的对应数据放到这个列表中。

2）如果第三本书能够单独放在小背包里，那么就再看看小背包能不能同时放下3本书，如果可以，就直接放3本书。

3）如果不能同时放下3本书，那么就要分成两种情况：

（a）不放第三本书，这样可以直接取前一个列表中的对应数据；

（b）放第三本书，然后把这个问题变成在剩余的重量限制下寻找最优解的问题。

再比较（a）和（b）的结果，选出价格高的情况。

（a）情况下的函数如图30-5所示。

图30-5 （a）情况的函数

这里为了让程序更加直观，我们新建了一个变量"三本书a的数据"。对应（b）情况下的函数如图30-6所示。

图30-6 （b）情况的函数

（b）情况下，我们首先要放入第三本书的价格，然后计算一下剩余的重量限制，因为这是一个动态的过程，所以我们用了变量"i"，然后将剩余的重量限制除以100，即可在前一个列表中寻找对应的数据。最后新建一个变量"三本书b的数据"，将两者的和赋值给这个变量。

完成后的程序如图30-7所示。

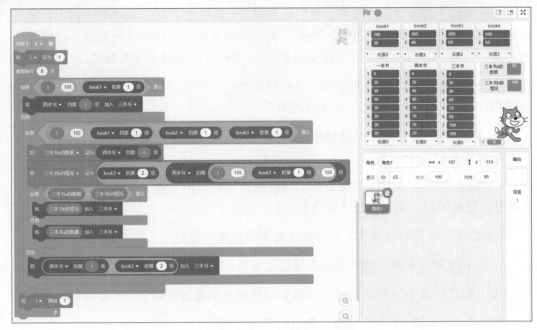

图 30-7　3 本书对应的程序

按下键盘上的 b 键运行程序。我们看到第 4 个数变成了 60，说明在限重 400g 的时候放第三本书是价格最高的，之后第 5 个数据变成了 70，说明限重 500g 的时候放入第一本书和第二本书是价格最高的，再之后第 6 个数据变成了 90，说明限重 600g 的时候，放入第一本书和第三本书是价格最高的，最后的数据是 100，说明限重 700g 和 800g 的时候，放入第二本书和第三本书是价格最高的。通过这步操作能看出来，这个计算过程是完全动态的。

最优性原理是动态规划的基础，最优性原理是指"多阶段决策过程的最优决策序列具有这样的性质：不论初始状态和初始决策如何，对于前面决策所造成的某一状态而言，其后各阶段的决策序列必须构成最优策略"。

最后来看看 4 本书的情况，依然要新建一个列表。对于这个列表中的数据填写规则和 3 本书的时候一样，具体描述如下。

1）判断第四本书是不是能够单独放在小背包里，如果不能，就将前一个列表中对应的数据放到这个列表中。

2）如果第四本书能够单独放在小背包里，那么就再看看小背包能不能同时放下 4 本书，如果可以，就直接放 4 本书。

3）如果不能同时放下 4 本书，那么就要分成两种情况：

（a）不放第四本书，这样可以直接取前一个列表中的对应数据；

（b）放第四本书，然后把这个问题变成在剩余的重量限制下寻找最优解的问题。

再比较（a）和（b）的结果，选出价格高的情况。

通过文字描述能够看出来，只要把原来的第三本书变成第四本书，前一个列表由两本书的列表换成3本书的列表即可。对应程序如图30-8所示。

图30-8　4本书对应的程序

列表"四本书"的最后一项就是这个背包问题最后的答案，我们能看到整个"四本书"列表和"三本书"列表一致，这说明我们最后没有将第四本书放到背包中。最后的答案是放入了第二本和第三本书，而此时背包也并没有装满。

大家可能会认为放两本书和放3本书、4本书的情况不一样，其实应该说两本书是一种特殊情况，它和放3本书、4本书的处理方式是一样的。放入两本书的数据填写规则也可以这样描述：

1）判断第二本书是不是能够单独放在小背包里，如果不能就将前一个列表中的对应数据放到这个列表中；

2）如果第二本书能够单独放在小背包里，那么就再看看小背包能不能同时放下两本书，如果可以，就直接放两本书；

3）如果不能同时放下两本书，那么就要分成两种情况：

（a）不放第二本书，这样可以直接取前一个列表中的对应数据；

（b）放第二本书，然后把这个问题变成在剩余的重量限制下寻找最优解的问题。

再比较（a）和（b）的结果，选出价格高的情况。

这就是整个动态规划计算的过程，程序部分因为我们进行了分段描述，所以分别用不同的按键来触发相应的程序，但其实我们可以把所有的列表创建完之后，将所有的程序顺序连接到一起，这样直接运行程序就能得到对应的答案。前面也提到过整个动态规划计算的过程是与加入数据的顺序无关的，大家可以自己尝试改变一下书的顺序，看看结果有没有变化。当然也可以修改书的重量、价格信息，看看最后是不是能够得到一个最优解。